JN062487

Carbon Neutral 2050 Vision

カーボンニュートラル2050ビジョン

エネルギー総合工学研究所 [編著]

横山明彦
坂田 興
小野﨑正樹
山形浩史
平沼 光
金田武司
西山大輔 [著]

エネルギーフォーラム

はじめに

　我が国は、2050年までにカーボンニュートラル（CN）の実現を目指しています。その達成のためには、エネルギー利用の効率化、再エネ・原子力などの低炭素エネルギーへの移行、カーボンリサイクルやCO_2回収・貯留（CCS）技術の活用、水素・アンモニアなどのカーボンニュートラル燃料の導入など、技術革新に基づく脱炭素技術の社会実装を進めることが求められています。本書は、その全体像をご理解いただこうというものです。

　世界では、2015年のCOP21で採択されたパリ協定に基づいて、共通の「2℃目標（努力目標1.5℃以内）」が掲げられ、温室効果ガス削減に向けた取り組みが進められているところです。一方で、昨今の世界のエネルギー情勢は、新興国のエネルギー需要増加、ロシアのウクライナ侵攻、再生可能エネルギー設備や蓄電設備の急激な導入による資源不足といったさまざまな要因により複雑化し、かつ不透明さを増しています。

　もとより、2050年という未来に至る過程にはさまざまな不確実性があり、その道筋を単一なものとして提示しようすることは不適切です。本書では、複数の技術シナリオを比較し、各分野の技術の課題と解決のための取り組みを展望することにより、将来の方向性を見通すとともに、2050年カーボンニュートラル達成への技術オプションを提示しています。さらには、具体的な7分野（次世代電力システム、水素戦略、CCUSおよび火力発電戦略、原子力開発利用、エネルギーシステム・CN産業、国民理解、金融）について、現在から2050年に至るまでのトランジションの絵姿とそのための提言を、それぞれの分野の専門家の視点で論じています。

　本書は2部構成となっており、第1部「エネルギー中長期ビジョン～カーボンニュートラルに向けたシナリオと技術展望」は、エネルギー総

合工学研究所（以下、エネ総研）が2023年12月にとりまとめたレポート（https://www.iae.or.jp/2024/01/11/vision_full_202312/）の要約です。第2部「トランジションへの提言」は、中長期ビジョンの検討にご協力いただいた7名の有識者（「2050年CNトランジション検討委員会」委員）に、2030年を経て2050年までのトランジションに関する意見・提言を執筆いただいたものです。

　中長期ビジョンは、2050年カーボンニュートラルの実現という将来の目標設定からエネルギーモデルシミュレーションにより目標達成の道筋を導きだしたもので、これにより将来に至るエネルギー需給構造の全体像、重要となる脱炭素技術や取り組むべき課題を明らかにしました。ただし、これは単純化したモデルによるもので、2050年カーボンニュートラルに至る現実の過程は、より複雑で、また政策や我々のとる行動によっても変わり得るものです。そこで、本書では、それぞれの分野のトランジションの在り方について、専門家の視点から提示していただくことにより、中長期ビジョンのアプローチを補完して、あわせて2050年カーボンニュートラル達成に向けたビジョン、すなわち認識すべきさまざまな視点、論点の全体像を提供することとしました。

　本書を多くの方に読んでいただくことにより、カーボンニュートラルへ向けた議論が深まり、ひいてはその達成に貢献することを期待しています。

　最後に、執筆者であるエネ総研内「中長期ビジョン策定タスクフォース」メンバー、有識者からなる「2050年CNトランジション検討委員会」委員と、本書作成にさまざまな形でかかわったエネ総研職員、そして事業を支えていただいている賛助会員各社に深く謝意を表します。

2024年3月
一般財団法人エネルギー総合工学研究所
理事長　寺井隆幸

カーボンニュートラル2050ビジョン

［目次］

4 原子力開発利用   125
原子力発電所：国内新設の円滑化

長岡技術科学大学大学院工学研究科教授　山形浩史

5 エネルギーシステム・CN産業   139
エネルギートランジションのグランドデザインの必要性

東京財団政策研究所主席研究員　平沼 光

6 国民理解

日本のエネルギー史 その特殊性を考える
──**国民理解に向けて**

ユニバーサルエネルギー研究所代表取締役　金田武司

7 金融

日本のエネルギートランジションに向けた取り組み
──**MUFGトランジション白書**

三菱UFJ銀行ソリューション本部サステナブルビジネス部長　西山大輔

第1部

エネルギー中長期ビジョン

カーボンニュートラルに向けた
シナリオと技術展望

1 エネルギー中長期ビジョン概要

1.1 検討の背景・目標

　昨今、世界のエネルギーを巡る状況は、複雑化かつ不透明さを増してきている。

　このようななか、日本においては、温室効果ガス（GHG）排出削減目標の達成に向けた取り組みを経済の成長の機会と捉え、排出削減と産業競争力の向上の実現に向けて、経済社会システム全体を変革するグリーントランスフォーメーション（GX）の取り組みが進められている。

　パリ協定や持続可能な開発目標（SDGs）といった国際協調を進めつつ、持続可能な社会を実現していくためには、単に必要十分なエネルギーを合理的な価格で継続的に確保するというだけではなく、生活の質を保持・向上させつつ、エネルギー消費量やCO_2排出の削減をしていくことが必要となる。その実現のためには、省エネルギー（以下、省エネ）、エネルギー利用効率向上、低炭素エネルギー利用への移行といったエネルギー分野における技術が果たす役割は極めて大きい。

　エネルギー技術の開発を促進していくためは、俯瞰的かつ長期的な視座から将来必要となる技術を適切に抽出し、その開発を支援していくことが重要である。その際、単一の想定に基づく最適解に向けて変革を進めるのではなく、将来起こり得るさまざまな変化に対応できる技術オプションを保持し、不確実な未来に着実に対処する準備を進めるという視点も重要である。

　このような背景を踏まえ、本ビジョンにおいては、CO_2削減への対応技術を中心として中長期エネルギー技術展望の検討を進めることとした。その理由は、CO_2削減への対応技術の普及とエネルギー需給構造の変化が、気候変動問題を解決する大きな鍵を握っているからである。実際に世界各

国は、気候変動問題に対してCO_2削減への対応技術の普及を中心に戦略的に対処しながら国際競争力の増強に取り組んでいる。

1.2 検討の流れ

　上記の目的を達成するために、本ビジョンでは大きく2つのパートからなる検討を実施した。1つ目のパート（2.）では、エネ総研が保有するエネルギーモデル（TIMES-Japan）を用いて、2030年を経て2050年までの中長期的なエネルギー構成の試算を行い、複数の技術シナリオを比較評価して新技術導入の必要性を定量的に示した（以下、シナリオ分析）。2つ目のパート（3.）では、シナリオ分析で抽出された技術開発項目について、より詳細に現状と課題を整理した。これにより、エネルギーモデルの前提条件の検証を行うとともに、課題解決に向けた取り組みを示した（以下、技術展望）。

　また、関係分野の有識者からなる『2050年CNトランジション検討委員会』（委員長：寺井エネ総研理事長）を設け、議論を実施し、その意見を反映させた。さらに、2023年11月1日開催の公開シンポジウムの場で、ビジョンの素案を提示し、同検討委員会委員および聴衆と議論を行うことにより、開かれた議論となることにも留意した。

1.2.1 シナリオ分析のポイント

　シナリオ分析では、日本において2050年にカーボンニュートラル（CN）を達成するという高い目標の実現を前提として、再エネ、原子力、CN燃料（CO_2フリー水素・アンモニアなどの化石燃料に代替される炭素排出を伴わない燃料）、CO_2回収・貯留（CCS）、ネガティブエミッション技術（NETs）の導入量に着目して、極端なケースを含めた幅広いシナリオ設定により、それらの導入量の多寡が他部門を含むエネルギーシステム全体へ

与える影響を評価した。

　エネルギー需要については、さまざまなシナリオが関連企業、団体、研究機関などから提案されているが、産業の海外移転や物流改革など産業構造の変化が少ない中庸なシナリオを採用した。

1.2.2 技術展望のポイント

　技術展望では、各分野における個別課題について検討を行った。まず、シナリオ分析で前提とした導入量の実現性および不確実性の整理を行った。その結果を踏まえつつ、当該技術の導入実現に向けた技術開発課題を整理し、課題解決に向けた最近の動向および将来に向けた検討の見通し（既存のロードマップなど）の整理を実施した。このような技術展望の整理は、1978年の設立以来、エネ総研が年間50件程度、累計で2000件強の調査研究実績で得られた蓄積情報やノウハウに基づき、各エネルギー技術分野の専門家である研究員が行った。

2 カーボンニュートラル実現に向けたエネルギーモデルを用いたシナリオ分析

2.1 シナリオ分析の趣旨

　エネルギー中長期ビジョンのためのシナリオ分析は、長期的な技術・社会の変化を予測し、エネルギーシステム全体、各セクターおよび個別技術に対してどのような影響を及ぼし得るかを検討するための手法である。本ビジョンの目的は、我が国の2050年CN実現に向けて、どの分野のCO_2排出量の削減が困難となり、その困難な分野において、電気や水素などのエネルギーキャリアを活用して経済合理的に成り立つかどうかを検討することにある。本ビジョンのエネルギーモデルを用いたシナリオ分析の基本的な考え方は、

①日本の2050年CN達成というCO_2排出量削減目標を前提とし、

②標準的な需要想定の下で、

③主要技術の導入の不確実性を考慮して2050年のエネルギー構造を試算・分析する、

　というものである。エネルギーモデルによって、日本のエネルギー需給、エネルギーキャリア、エネルギーシステムを構成する個別技術の特性と、その相互関係が数理的に定式化されており、現状および将来の想定する技術性能とその経済性に基づき、想定する技術が、いつ、どの程度普及するかを定量的に評価することができる。CNの実現には、あらゆる技術を総動員してエネルギーシステムの抜本的な再構築が必要となる。エネ総研では、CN実現に重要な技術の現状と将来展望について既に書籍にまとめて

いる。[1]本ビジョンでは、各部門の脱炭素技術の普及目標の設定と、その促進策を想定し、同技術の実用化と普及の妥当性を検討しているが、これには大きな不確実性が存在している。このため、特に重要となる技術について、複数のシナリオを検討し、その分析結果を示す。モデルの計算は、想定する社会における入力条件に対する日本全体でのエネルギーコストが最小化する解を求めており、2050年の予測や提言を行っているというわけではない点に注意を要する。技術の普及障壁や、シナリオが示す絵姿と技術導入の不確実性については、技術ごとの特徴を踏まえて考察する必要があるため、各技術の現状と普及の不確実性、将来展望については、3.において詳細に解説する。

2.2 エネルギーモデル TIMES-Japan

　TIMES-Japanは、日本全体のエネルギーシステムの技術特性と、その相互作用を詳細に積み上げたボトムアップ型の最適化モデルであり、長期エネルギー需給を分析可能なツールである。供給・転換・需要部門それぞれが詳細にモデル化されているため、大きな変化が予想される電力システム、大幅なCO_2削減が想定されている家庭・業務といった民生部門および運輸部門の需要動向といった、エネルギーシステム全体を組み合わせた国内のエネルギー技術の導入可能性評価が可能である。このモデルは、国際エネルギー機関（IEA）が提供するモデルフレームワークを用[2]いて旧日本原子力研究所（現日本原子力研究開発機構）が開発した日本版MARKAL（MARKet Allocation）モデルを参考に、水素技術やNETsなどの新たな技術や脱炭素エネルギーキャリアをシステムに組み込み、諸データを更新してエネ総研が作成した。

　図2-1にTIMES-Japanモデルの全体像を示す。入力情報としてエネルギーサービス需要の将来見通し、燃料輸入条件、エネルギーシステム構成とエネルギー技術の特性データ（効率、稼働率、コスト、環境排出原単位

14

など）および導入可能規模の上限を設定している。我が国のエネルギーシステム総コストを目的関数とし、エネルギー技術の諸条件とエネルギー起源のCO_2排出量を制約条件として、線形計画法により割引率を考慮した期間全体の総エネルギーシステムコストの和を最小化となるエネルギーシステム構成を計算する最適化型エネルギーシステムモデルである。解析期間は1990年から2050年まで1期5年とし、日本全体を1地域として集約している。エネルギーは、一次供給から輸送、変換、貯蔵装置を経て最終需要に流れており、エネルギーフローとして表現する。エネルギーモデルで扱う日本のエネルギーシステム構成の詳細なフローは、燃料やエネルギーキャリア（熱・電気など）、CO_2などを指すコモディティ（商品/材）と、その各種コモディティを生産・変換する工程や機能であるプロセスで表現されている。

　その分析結果として、エネルギー需給構成、技術導入量、システムコスト、CO_2排出量などが出力される。電力システムに関しては、負荷曲線を簡易表現するため、1年を中間期、冬期、夏期のそれぞれについて昼・夜

図2-1　TIMES-Japan モデルの全体像

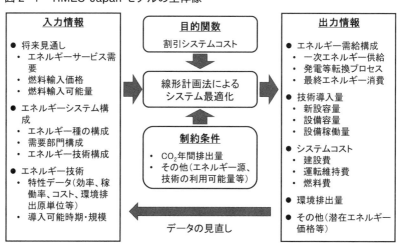

に計6分割するほか、夏季の需要の多い日を年間最大負荷として考慮している。最終エネルギー需要セクターは、産業、業務、家庭および運輸のサービス需要シナリオを使用して、CO_2制約条件のもとでエネルギー供給、変換および需要システムが最適化される。

2.3 シナリオの設定

2.3.1 シナリオ分析の手順

シナリオ分析では、日本を対象とし、エネルギー起源のCO_2排出量を制約条件とし、社会経済シナリオ、技術シナリオをそれぞれ設定した。シナリオ分析の手順を図2-2に示す。社会経済シナリオは、社会がどのような方向に進むかを示すものであり、日本の人口推移、経済発展、産業構造、最終エネルギー需要、輸入燃料などが含まれる。次に、エネルギーシステムを構成する各技術動向を考慮した、個別の技術シナリオを設定する。技術シナリオは、各技術の技術性能、導入量制約、コスト、環境排出原単位などの現状および将来の技術水準を対象年ごとに推計した。

特に重要となる再エネや原子力、CCS、輸入CN燃料については、複数のシナリオを想定し、複数のシナリオの組み合わせを試算ケースとして設定し計算した。CN実現は、技術の組み合わせによっては実現解がないものも存在する。このため、まず、予備評価として導入量制約を段階的に検討した。次に、技術シナリオの組み合わせを検討して4つのケースと、比較のためCO_2制約なしのケースの計5ケースについて分析した。

図2-2 シナリオ分析の手順

2.3.2 日本のCO₂排出曲線の設定

　日本の中長期的なGHG排出削減目標については、2050年GHG排出量を正味ゼロにするCNの実現に向けた政策目標[3]に基づき、エネルギー起源のCO₂排出量について、2030年のCO₂排出量46％削減、2050年CO₂排出量正味排出量をゼロとし、その間を線形補間したCO₂排出量削減経路を制約上限としたシナリオをネットゼロシナリオ（NZ：Net Zero）とした。比較のため、CO₂排出量制約なしシナリオ（UCE：Unconstrained CO₂ Emission）も設定した。UCEシナリオは、CO₂排出量の制約条件をつけずに経済合理的にエネルギー構成を算出するシナリオであり、CO₂排出量は試算ケースによって異なる。CNの実現に向けては、非エネルギー起源のGHG排出量についても別途検討する必要がある。

2.3.3 社会経済シナリオの設定

　エネルギーモデルでは、社会経済指標を用いてエネルギーサービス需要を外生的に与える。日本における人口と国内総生産（GDP）の推移、最終エネルギー需要は、日本モデル比較プロジェクト（JMIP：Japan Model Intercomparison project）[1]で採用されたシナリオ[4]を用いている。世界の社会経済シナリオには、気候変動に関する政府間パネル（IPCC：Inter-governmental Panel on Climate Change）が設定している世界のとり得る方向性を大別した共有社会経済経路（SSPs：Shared Socioeconomic Pathways）があり、そのうち最も中庸であるSSP2シナリオを基準としたシナリオである。割引率は3％としており、将来の価格は現在価値換算して2050年までの全期間のシステム総コストを計算する。燃料価格の算出には、IEAのNZE（Net Zero Emission）およびAP（Announced Pledges）シナリオ[5]の化石燃料輸入価格を基にしており、NZシナリオではNZEを、UCEシナリオではAPを用いた。現在は、ロシアのウクライナ侵攻に伴

う世界的なエネルギー危機をきっかけに化石燃料価格は高騰しているが、IEAのシナリオでは、2020年代半ばまでに価格は安定し、エネルギー転換に伴い価格が低下すると想定されている。エネルギーサービス需要の将来推計においては、中庸なシナリオを想定しているため、物流改革、シェアリングエコノミー、産業構造を含む社会システムの転換など、エネルギー需給に大きなインパクトを与える変化要因については想定していない。大きな需要減少につながる変化要因を想定していないことから需要予測としては保守的であり、供給サイドの技術開発の条件としては、厳しい設定である。

2.3.4 技術シナリオ

　技術シナリオは、エネルギーシステムの構成要素である各技術の現状および将来の技術水準を推計したものである。技術水準としては、エネルギー変換効率や稼働率などの性能、コスト、各年の最大導入量などを用いている。

　本ビジョンにおいては、2050年CNを実現するために、再エネ、原子力、CCS、NETsについて、極端なケースを含め幅広いシナリオを設定することにより、技術導入の成否がエネルギー構成全体に与える影響を評価した。技術シナリオは、各業界が想定するシナリオを参考として構築しており、技術的、経済合理的に実現可能とされる範囲において以下に説明するように技術条件を設定した。また、比較する各技術については2〜3通りの条件を想定した。表2-1に比較する技術シナリオを示す。

(1) 再生可能エネルギー

　再エネの導入量は、現状の導入量の推移と、2050年に向けた各業界の示す導入目標を参考に対象年の導入量の上限を設定しており、全体コスト最適化計算により、それぞれの技術が選択される。2050年の導入量の

表2-1　比較する技術シナリオ

区分	シナリオ名		表記	シナリオ内容
CO2排出量	ネットゼロ		NZ	2030年46%減、2050年ネットゼロ
	CO2制約なし		UCE	CO2制約なし
技術導入量シナリオ	太陽光	基準	Base	設備容量上限　300GW（AC）※2
	風力	基準	Base	設備容量上限　100GW
		高位	Tech	設備容量上限　130GW
	原子力導入量	基準	Base	運用期間60年、新規の建設なし（23.5GW@2050）
		高位	Tech	運用期間60年、新規の建設あり（2030年設備容量37.2GWを最大）
	CCS上限	基準	Base	年間最大貯留量　100Mt-CO2
		高位	CCSh	年間最大貯留量　200Mt-CO2
	輸入CNLNG※1		―	輸入CNLNGを用いない
			CNLNG	輸入CNLNGを用いる

※1：CNLNG：オフセットによりCNとみなされる液化天然ガス（LNG：Liquefied Natural Gas）
※2：太陽光発電は太陽パネルの定格出力（DCベース）ではなく、発電設備の出力（インバータ容量、ACベース）で記載している。

　上限は、太陽光発電は家庭用およびメガソーラーの合計で300GW[6]、風力発電は陸上および洋上の合計で100GW[7]および130GW[8]のシナリオを設定し、2050年までは現状の導入傾向からロジスティック関数で外挿した（図2-3）。太陽光発電の設備容量は、太陽光パネルの定格出力（直流：DCベース）ではなく、発電設備の出力（インバータ容量、交流：ACベース）で記載している。

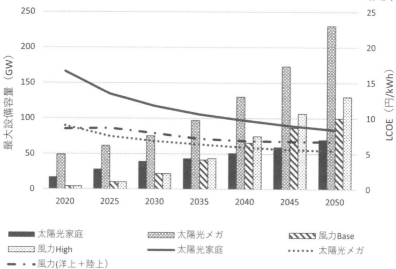

図2-3　太陽光・風力発電の技術シナリオ（導入設備容量上限とLCOEの推移）

　再エネの発電システムは、将来のコスト低減を考慮して設定した。[9]発電コストは、2030年と2050年の太陽光発電の均等化発電原価（LCOE[2]）を、それぞれ9.2円/kWh、5.4 〜 6.9円/kWhと想定し、2030年と2050年の風力発電のLCOEを、洋上風力発電と陸上風力発電の平均で、それぞれ7.9円/kWh、6.7円/kWhと想定している。

　バイオマス発電の導入量上限は、国内において持続可能な基準の上限を考慮した。持続可能な林業からのチップと木材の生産と廃棄物、[10]エネルギー作物の生産量、[11]日本の現在放棄された水田と休耕地およびその他の原料（残留物と廃棄物）を組み合わせたもの[12]について計算し、国内の総バイオマス供給量の上限を 2050 年1500 PJ[13]年とした。バイオマス発電の2050年のLCOEは燃料により14 〜 70円/kWhとなっている。

（2）原子力発電

　原子力発電のシナリオは、近年の動向を踏まえ、原子炉の運転期間60

年を前提とし、基準（新規の建設なし）と高位（新規の建設あり）の2つのシナリオを設定した。新規の建設ありとした高位では、2050年の最大設備容量を、2030年の建設中を含む設備容量見込み37.2GWと同等と仮定した。新規の建設なしの基準シナリオでは、2050年の設備容量は23.5GW程度である。なお、予備評価として検討した運転期間40年を前提とした2050年に原子力利用なしとなるケースでは、国内の脱炭素電源は限られるためCNLNGありのケース以外では解を得られなかった。

(3)カーボンリサイクル・CCS・ネガティブエミッション技術

　CN達成に向けて、化石燃料の消費を極力避けることが肝要であるが、削減しきれないCO_2を分離回収して地中に貯留するCCS技術が必要不可欠である。国内のCO_2貯留の適地から、その年間貯留量上限を定める。予備評価の結果から50 Mt-CO_2/年ではCN達成の解がなかったため、100 Mt-CO_2/年、200 Mt-CO_2/年の2つの技術シナリオを想定した。なお、国のCCS長期ロードマップ検討会[14]では、2050年の貯留量の目安を120～240 Mt-CO_2/年としている。CCSのCO_2分離回収設備におけるCO_2回収率は90％と仮定した。

　産業分野、農業、小規模の排出源からのCO_2排出を削減する余地は限られており、CO_2排出量をマイナスとするNETsが必要となる。本シナリオ分析では、バイオマスエネルギーCCS（BECCS）、直接空気回収貯留（DACCS）を考慮している。BECCSは、特に電力部門におけるNETsとしてCCSと組み合わせたバイオマス発電を検討した[15]。液体溶媒を使用したDACシステムは、現状でスケールアップの利点が大きく有力技術と目されている[16][17]。設備投資（CAPEX）と運用（O&M）のコスト値も、Keithらの[18]システムから採用した。焼成キルンでの熱生成中に発生するCO_2排出量も考慮し、DACへの電力は系統電力から供給されるものとした。2050年のエネルギー起源CO_2排出量のうち植林や森林管理による土地利用吸収により40Mt-CO_2/年をオフセットできるとした[13]。これは、京都議定書の

第一約束期間における森林吸収量の閾値（47.7Mt-CO₂/年）に相当する値である。土地利用吸収の仮定は、森林吸収量の推定値（34Mt-CO₂/年）、日本の削減目標である国が決定する貢献（NDC）の目標とする農地吸収源（8Mt-CO₂/年）、エネルギーとしての森林バイオマスの利用（400 PJ/年）から導きだされている。

(4)カーボンニュートラル燃料（水素・アンモニア・合成燃料・CNLNG）

　化石燃料の代替となるCN燃料は、水素、アンモニア、合成燃料、CNLNGを想定した。CO_2フリー水素・アンモニア、CNLNGが輸入燃料として想定されており、CO_2を用いたメタネーションにより合成燃料が国内で生成される。電力が十分にある場合は電気分解により水素も製造される。

　水素は、2030年以降30円/Nm^3[19]で輸入できると仮定し、国内で製造するプロセスも設定した。

　CNLNGは、DACCSなどの手段を用いて燃焼時および製造時のCO_2排出量をオフセットしたLNGのことで、燃焼しても正味CO_2がゼロであるとみなせる。ここでは、CNLNGの利用の有無に関する感度分析を行った。CNLNGは、Kianiらの[20]、豪州でのDACとメタネーションを組み合わせると、LNG生産価格は31.5USS/GJとなるという技術経済的推定を参考に、37USS/GJという液体水素と同等価格レベルで日本に輸入できると仮定している。本ビジョンでは海外でオフセットしたLNGをキャリアとして用いているが、国内のCO_2を海外に輸送したり、カーボンクレジットにより海外のCCSを活用できる場合にはCNを実現する解が存在することを意味するため、輸送技術やカーボンクレジットの市場形成などの制度設計に応じて将来的に検討する余地がある。

　運輸セクターについては、軽自動車、バス、トラック向けに電気自動車（EV）、燃料電池自動車（FCV）、メタノール燃料自動車を想定している。航空の場合、水素燃料はカーボンフリーの代替燃料とみなされている。本

分析においては、持続可能な航空燃料（SAF）はCO$_2$を原料とした合成燃料は考慮されているが、バイオマスからの生成方法は多岐にわたりその技術が定まっていないため考慮していない。船舶については、代替燃料としては現状で導入が見込まれるLNGとメタノールを検討しており、CN燃料またはCN燃料から合成された燃料によって代替可能とした。

(5)エネルギーサービス需要

　エネルギーサービス需要は、産業部門、運輸部門、民生部門について、それぞれの生産量や活動量に基づくサービス需要推計から、部門ごとのエネルギー需要を算出している。21世紀半ばに向けた産業部門の脱炭素化は、一般的に難しいと考えられており、[21] 日本のエネルギーシステムに関する以前の研究でその難しさが示されている。[22] 鉄鋼部門では、電炉、水素還元を考慮しており、2030年から利用可能になると仮定して、Ottoら[16]のパラメータを利用して鉄鋼部門で水素技術を使用した鉄鉱石の直接還元のモデルを実装した。

2.3.5 検討するケース設定

　シナリオ分析では、エネルギーシステムを構成する各技術の特性を技術シナリオとして設定し、それらのシナリオを組み合わせた試算ケースの結果を比較する。本検討では、技術導入の影響を評価するため、社会経済シナリオは1通りとし、特に影響の大きい技術について表2-2に示したように複数の技術シナリオを設定した。

　予備評価の結果も踏まえつつ、表2-2に示す5ケースの計算結果を示し、技術導入による影響を評価した。本ビジョンに示していない多数の技術シナリオの比較検討から、2050年にCNを実現するためのエネルギーシステムに重要となる技術を示すために選択した5つのシナリオであり、その特徴を表すケース名を付けた。

表2-2 本ビジョンで用いたケース設定

ケース名	1. 基準	2. 技術導入拡大	3. CCS高位	4. 輸入 CNLNG	5. 比較 (CO2制約なし)
	NZ-Base	NZ-Tech	NZ-CCSh	NZ-CNLNG	UCE
CO2 制約	NZ	NZ	NZ	NZ	UCE
原子力	基準	高位 (新規の建設あり)	基準	基準	基準
再エネ	基準	高位	基準	基準	基準
CCS	基準	基準	高位	基準	基準
輸入 CNLNG	—	—	—	CNLNG	—

NZ：Net Zero、UCE：Unconstrained CO2 Emission

　1.基準ケースは、再エネが大規模に導入され、原子力発電も運転期間60年で継続的に利用され、国内CCSは100Mt-CO2/年まで導入されるというものである。これに対して、2.技術導入拡大ケースは、原子力発電は新規の建設もなされ、風力発電がさらに30GW導入され得る設定である。3.CCS高位ケースは、国内CCSは基準ケースの2倍となる200Mt-CO2/年まで導入されるケースである。4.輸入CNLNGケースは、海外でカーボンオフセットがされたLNGが輸入されるケースである。5.比較（CO2制約なし）ケースは、比較のため、基準ケースと同じ技術水準でCO2排出量制約のないケースを設定した。

2.4 TIMES-Japanを用いた検討

　本節では、前節で述べた5つのケースについて、TIMES-Japanで計算した2015年、2030年、2050年のエネルギー需給構成の比較検討を実施する。なお、部門ごとのCO_2排出を検討する場合、発電により発生するCO_2を「発電部門」として整理する方法と、各部門（産業、民生、運輸）の電力消費量に応じて、各部門の排出量として振り分ける方法があるが、ここでは主に前者の考え方で整理を進める。

2.4.1 一次エネルギー供給

　図2-4に2015年、2030年の基準ケースおよび2050年の各ケースの一次エネルギー供給量を示す。輸入する水素・アンモニアは脱炭素電源を用いて製造したCN燃料を想定しており、これらは、エネルギーキャリアで

図2-4　2030年の基準ケースおよび2050年の各ケースにおける
　　　　日本の一次エネルギー供給量

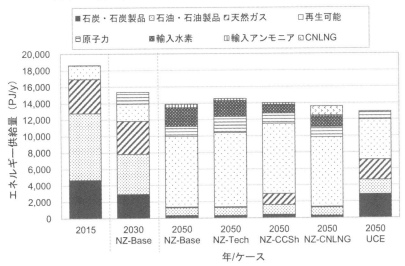

はあるが、便宜的に一次エネルギー源として表記する。[3] 基準ケース（NZ-Base）では、化石燃料の割合は2015年の95％から2050年10％と大幅に低下し、太陽光および風力の大量導入を反映して、再エネの割合は62％に増加する。また、2050年では、輸入水素も一定量を担うことが示されている。2040年以降天然ガスから水素へとシフトし、輸入アンモニアも導入され、水素・アンモニアの全体に占める割合は19％となる。技術導入拡大ケース（NZ-Tech）では、基準ケースと比較して、再エネ、原子力の供給量が増加し、輸入水素は減少する。CCS高位ケース（NZ-CCSh）では、国内CCSが増加することから化石燃料の消費量が増加する。輸入CNLNGケース（NZ-CNLNG）は、カーボンオフセットしたLNGありのケースであるが、輸入CNLNGが増加し、輸入水素に代替する。

　また、比較として示したUCE（CO_2制約なし）ケースでは、再エネ、EV、省エネなどの脱炭素技術の技術進展とコスト低減の見込みから大規模に普及するため、CO_2制約がなくとも、化石燃料の割合は一次エネルギー全体の50％程度に減少し、CO_2排出量も半減する。

2.4.2 各部門におけるエネルギー消費

(1) 発電部門

　図2-5に発電量構成、図2-6に設備容量構成を示す。他のエネルギーキャリアと比較して電力はCO_2排出量が少なく安価で効率が良いため、CN実現に向けて電力化が進む。総発電量は現状の約1000TWhから1300〜1400TWhへと増加する。各ケースの発電量構成は、太陽光・風力・原子力の設備容量上限の設定に大きく依存する。

　図2-6に示した日本の設備容量構成を見ると、その総計は、現状約350GWから2050年には約550GWへと増加する。そのうち太陽光と風力のシェアが70〜72％と大きいが、図2-5に示した発電量構成では、太陽光と風力のシェアが56〜58％にとどまる。これは、大規模に普及する

図2-5 2030年の基準ケースおよび2050年の各ケースにおける
日本の発電量構成

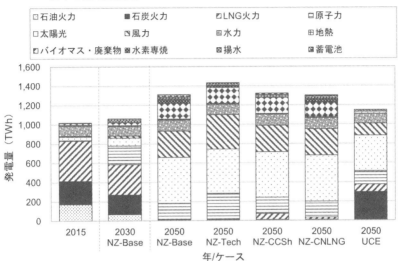

図2-6 2030年の基準ケースおよび2050年の各ケースにおける
日本の発電設備容量構成

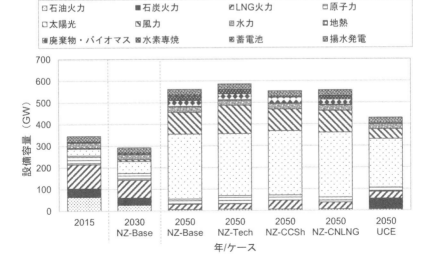

太陽光や風力の設備利用率が15 ～ 30％と、既存発電設備の火力や原子力
よりも低いためである。また、設備利用率の低い発電設備が増えることに
より、発電量の変動幅が大きくなり、これまで火力発電が果たしていた多
様な調整力としての役割の重要度がさらに増す。一方で火力発電の設備容
量は、シェアが小さくなるため、CN燃料による発電やバイオマス発電お
よび蓄電システムなどが調整力を担うこととなる。

　NZを実現する各ケースでは、太陽光・風力を合わせた2050年の発電
量のシェアは40 ～ 64％であった。火力（化石燃料）は2050年に向け大
きく低下し、2030年においては46 ～ 71％の発電量のシェアであるが、
2050年においては1 ～ 6％となる。一方、バイオマス発電、水素発電が
導入され、調整力を有する発電システムのシェアは設備容量の17 ～ 20％
となっている。アンモニア発電は、今回のケースでは導入されていない。
また、2050年において、化石燃料火力はすべてCCS付きであった。NZ-
Techでは、原子力・風力の発電量が増加し、発電コスト低下によって総
発電量も増加している。NZ-CNLNGケースにおいては、一次エネルギー
としてCNLNGの輸入が増えるものの、合成燃料に転換されて産業部門
などの発電以外で優先的に消費される。CNLNGは、輸入量制約も想定し
ているため、発電部門では、LNG火力は22TWhと、その影響は少ない。

(2) 産業部門

　産業部門においては、図2-7に示すように2030年に向けて石炭からガ
スへの部分的なシフトが進み、石油・石炭製品のシェアは2030年に約
40％、2050年には14 ～ 19％にまで減少するという結果になった。電力
の消費量はほぼ横ばいである。特に鉄鋼、化学、セメントといった素材産
業においては、化石燃料が還元剤や原料としてプロセスに入り込んでお
り、その代替は容易ではない。本試算では、素材産業の生産量が2050年
までほぼ横ばいと想定しているため、消費量もほぼ横ばいとなっている。
2030年から2050年にかけて石炭消費が急減しているのは、2030年から

図2-7 2030年の基準ケースおよび2050年の各ケースにおける
日本の産業エネルギー最終消費量

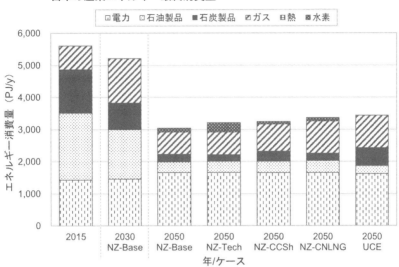

2050年にかけて鉄鋼生産のかなりの部分が高炉から電炉に代替され、水
素還元炉に移行した結果を反映したものであるが、その実現性については
詳細に検討する必要がある。

　最終エネルギー消費の構成は、技術シナリオの依存性が低く、いずれの
ケースにおいても、想定した低炭素化技術を概ね総動員した結果になって
いる。

(3) 民生部門

　民生部門は、業務部門と家庭部門からなる。業務部門では、図2-8に示
すとおり、2030年にかけて主に石油製品のシェアが低下し、2030年から
2050年にかけて主にガスのシェアが低下している。代わりに電力、低温
熱(排熱利用)、太陽熱が徐々に増加している。2050年においては電力の
シェアが約8割となっている。

　家庭部門では、図2-9に示すとおり灯油や液化石油ガス(LPG)などの

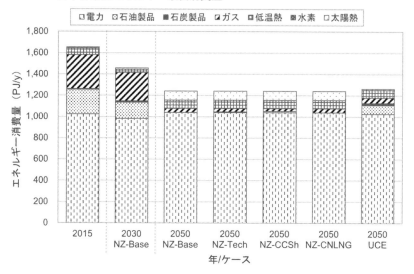

図2-8 2030年の基準ケースおよび2050年の各ケースにおける
日本の業務エネルギー最終消費量

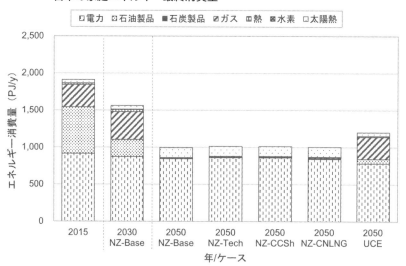

図2-9 2030年の基準ケースおよび2050年の各ケースにおける
日本の家庭エネルギー最終消費量

石油系燃料および天然ガスの需要は大きく低下し、2050年では1%未満のシェアとなった。このケースでは、約1割の給湯の熱供給を太陽熱が代替し、電力比率は2050年には9割程度となっている。

(4) 運輸部門

　運輸全体のエネルギー消費量を図2-10に示す。運輸全体でみた場合、2030年まではガソリンのエネルギー消費が30％程度減少し、2050年にはEVとFCVの普及により、電力と水素のエネルギー消費が主流となり、エネルギー消費の構成が大きく転換する。2050年においてはFCVの普及により水素エネルギーの需要が大きくなり、運輸部門では、そのシェアは約4割を占める。

　2050年の自動車向けのエネルギー需要について、乗用車などの小型車は電力が95％とEV化が進む一方、トラックなどの大型車は長い航続距離を必要とすることから、FCVが中心となり、水素がメインとなる。CCS

図2-10　2030年の基準ケースおよび2050年の各ケースにおける
　　　　日本の運輸エネルギー最終消費量

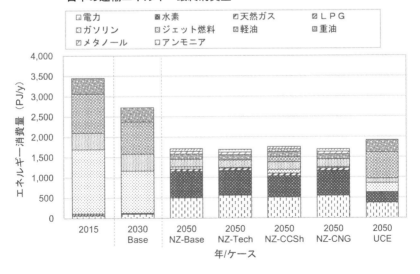

が高位のNZ-CCShケースでは、貨物トラックに軽油が利用されるが、その他のケースでは軽油利用はなくなり、大半が水素となった。船舶用燃料などは低炭素化技術の導入が難しい部門であるが、若干の合成燃料の利用がみられた。本ビジョンの分析では、航空機におけるSAFのうち、バイオマス起源の燃料利用は想定していない。燃料転換が難しいと考えられる船舶・航空機分野については、技術開発動向の進展も考慮した詳細な分析が必要となる。

2.4.3 各部門におけるCO_2排出量

　図2-11に示すエネルギー部門ごとの2030年および2050年のCO_2排出量の内訳をみると、上述のエネルギー需給構造の分析でみてきたように、2030年から2050年に向けた発電・運輸・民生部門での大きなエネルギー転換により排出削減が行われる。一方、産業部門、特に素材産業におけるCO_2削減が困難であり、2050年には200 ～ 250Mt-CO_2/年が排出されている。このため、排出されたCO_2の回収貯留とNETsによりCO_2排出量を正味ゼロにする必要があることも明らかとなった。CO_2有効利用（CCU）技術による削減効果（CCU削減）は、カーボンリサイクルにより排出したCO_2を回収することによる削減貢献分であり、主に産業部門の排出を回収して合成燃料として利用している。

　土地利用によるオフセットが40Mt-CO_2/年であり、国内のCO_2貯留は、100 Mt-CO_2/年または200Mt-CO_2/年と上限まで用いられた。NETsについては、回収量ベースでBECCSは66 ～ 115 Mt-CO_2/年、DACCSはNZ-CCShのケースで25 Mt-CO_2/年となっており、その重要性が窺い知れる。

図 2-11　2030 年の基準ケースおよび 2050 年の各ケースにおける
　　　　 日本の CO_2 排出量

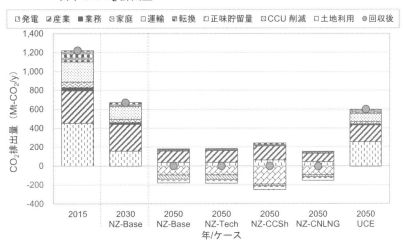

2.4.4 エネルギーシステムコストおよびその推移

(1) 炭素価格

　エネルギーモデルでは、CO_2 の限界削減費用（シャドープライス）を計算でき、炭素価格とみなすことができる。CO_2 削減量あたりの価格の高い技術を選択すると炭素価格は増加する。炭素価格は、CO_2 排出量に対応してエネルギーコストに上乗せさせられ、家庭や事業者に求められる排出削減努力の程度を表す指標のひとつとして理解することができる。炭素価格は、炭素税や排出量取引などの形で市場に導入される。制度としては、欧州連合（EU）が先行しており、エネルギー危機以降価格が高騰し、現状では 50 〜 100US $/ ｔ -$CO_2$ 程度の価格付けとなっている。NZ シナリオでは、CO_2 排出量制約が設定されているため、CO_2 削減を実現するために必要な炭素価格として解釈できる。各ケースの 2050 年までの炭素価格の推移を図 2-12 に示す 2050 年 NZ ケースでは、炭素価格は 648 〜 981 US$/ ｔ -$CO_2$ であり、NZ-Base、NZ-Tech は、それぞれ 982、952 US$/ ｔ -

図2-12　各ケースの炭素価格の推移

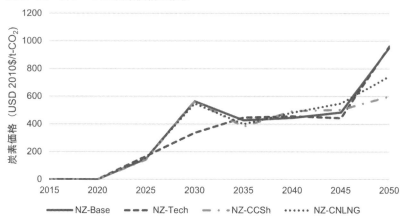

CO_2である。原子力と風力発電量が約200TWh導入量増加することによる炭素価格の軽減効果は限定的であった。NZ-CCShの炭素価格は、649 USS/ t -CO_2とNZシナリオの中では最も低く、CCS貯留量増加の経済的効果は高い。

(2) 電力とエネルギーの総コスト

　エネルギーモデルでは、エネルギー供給から需要までの技術のコストを積算している。2050年のエネルギー総コスト比と電力総コスト比の関係を図2-13に示す。それぞれ、NZ-Baseの費用を基準とした比率で示している。CO_2削減制約のないUCEケースのエネルギー総コスト比はNZ-Baseケースの0.8程度であり、CN実現のためには、エネルギー総コストは13 〜 25％増加することを意味する。

　NZ-CCSh、NZ-CNLNGでは、エネルギー総コストは7〜9％、電力総コストは4〜6％小さくなる。国内CCS貯留および海外CCSによるオフセットされたCNLNGを用いることによりエネルギー総コストは小さくなり、CCSを活用する効果が示されている。NZ-Techでは、NZ-Baseと

図2-13 各ケースの2050年の電力総コストおよび
エネルギー総コストの比較（NZ-Base比）

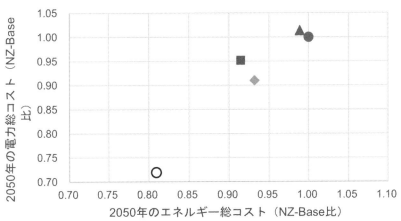

●NZ-Base　▲NZ-Tech　◆NZ-CCSh　■NZ-CNLNG　○UCE

比較して電力を多く利用するため電力総費用は6%程度増加するが、エネルギー総コストは1%程度減少する。

2.5 まとめと今後の課題

　我が国の2050年CN達成を前提としたシナリオ分析を実施し、低炭素技術の導入量と、その影響を評価した。TIMES-Japanを用いた分析の結果により、3.で述べるエネルギーの技術展望に対して以下のような示唆が得られた。技術の不確実性および変動性については3.にて分析する。

- 想定した中庸なエネルギー需要シナリオにおいて、日本のエネルギーシステム全体でネットゼロを達成することが可能となるが、再エネ、原子力、CO_2排出を伴わないCN燃料（水素、アンモニア、CNLNGなど）の輸入、CCS、NETsが不可欠となる。
- 電力起源のCO_2排出量はいずれの試算ケースでもネガティブとなっ

ており、NETsであるBECCSによるCO$_2$吸収が不可欠となる。輸入水素による水素ガスタービン発電も選択されるが、これについても不確実性が伴う。

- 国内CCS貯留量は各シナリオの上限まで用いられており、DACCS、BECCSなどのNETsが必要となった。
- 産業部門は、供給側のシナリオによらず、省エネ、電炉の活用、CCSなどの各種対策が総動員されても、NETsなしにCNは実現できない。産業部門の低炭素化は今後の大きな課題のひとつであり、その技術構成の不確実性・変動性は大きい。
- 民生部門は、電化により電力化率は9割を超え、省エネの進展によりエネルギー需要は30％程度低減される。
- 運輸部門は、乗用車は電力供給源の状況に応じて、EV化およびFCV化が進展する。また、トラック、船舶、航空機などのエネルギー消費が大きく、かつ燃料補給なしで長距離/時間移動を求められるものについては、電力（EV）よりも水素（FCV）が利用される。これらの実現性の問題や、バイオ燃料、合成燃料など他のオプションの利用の可能性もあり、供給源の選択は定まっていない。

　本ビジョンの分析は、2020〜2023年に実施した分析結果をまとめたものであり、データの更新や技術評価は、今後も最新情報を加味しながら随時進めていく必要がある。特に産業部門における革新技術、運輸部門における船舶・航空機の電化・SAFの燃料転換、需給安定に必要なインフラ整備や運用費用、モデルの空間的時間的解像度を詳細にした評価などについては今後、改良・改善を進めていく。

　CN実現のためには、エネルギー供給と需要の双方で、新しいエネルギーシステムへの抜本的な構造変革が求められる。再エネが主力電源となるということは、これまで電力システムの調整力を担っていた火力発電が減少した、新たな電力システムの構築が必要となる。電化が難しい分野では、

化石燃料が水素などのCN燃料に置き換わり、新たなエネルギーキャリアのサプライチェーンとインフラ整備が必要となる。素材産業・運輸・業務および家庭の既存建築物などのCO_2排出量削減が難しいとされる分野では、新たなエネルギー削減技術が求められる。また、NETsを念頭に置きながらCO_2を資源として活用し、適切にカーボンをマネジメントするカーボンリサイクル社会への移行も検討する必要がある。

　エネルギーモデルでは、エネルギーシステム全体で経済合理的となる解を導きだしたが、実際の社会では、既存技術や既存システム、既存インフラなどを継続的に利用する傾向があり、資源や投資の偏りも生じているため、必ずしも新しい技術による経済合理的なシステムが実現されるわけではない。新しい技術の普及や社会システムの実現には、移行のための促進・支援策が重要となる。

　3.のエネルギー技術展望において説明するように、各技術には不確実性が存在しており、技術の前提は、その開発状況、市場への普及と産業政策などによって大きく変化するものである。このため、シナリオ分析に用いる技術シナリオなどの前提条件については、定期的に再評価し影響を把握していく必要がある。

3 2050年に向けた
   エネルギー技術展望

　2.で述べてきたとおり、主要な一次エネルギーは、再エネ、原子力、化石燃料、水素（TIMES-Japanでは便宜上、輸入水素を一次エネルギーとみなしている）である。

　これらの主要な一次エネルギーについて、シナリオ分析では2050年CN達成などの前提条件を設定し、その条件を満たすような供給シナリオに基づいて計算を行っている、すなわちバックキャストの手法で検討しているが、実態から想定される、フォアキャストの手法と一致するとは限らない。

　そこで、本章では、各一次エネルギーについて、シナリオ分析で得られた結果を実現するための技術課題を整理する。

　詳細は次節以降において述べるが、概要としては以下のとおりである。

再生可能エネルギー

　期待の大きい技術ではあるが、大量導入に向けた技術的、経済的な課題は小さくない。これらを基幹エネルギーとするための技術課題を中心に議論する。

原子力

　CNのための重要な低炭素電源である。過去の教訓を踏まえ、社会受容性を第一としながら、さらなる原子力の利用に向けて、将来における原子力の役割や、当面必要となる技術課題について議論する。

水素

　多様な活用が可能なエネルギーであり、シナリオ分析の結果では、主

に再エネやCCSの適地からCO$_2$フリーのエネルギーを消費地に供給する「エネルギーキャリア」としての役割が期待される。水素利用の現状を整理し、大規模サプライチェーン構築に向けた課題を議論する。

化石燃料

　現在、発電、産業、運輸、民生において広く使われており、短中期的には、その安定調達と効率的利用が極めて重要である。一方、中長期的には、化石燃料消費を低減していくことが基本的な方向性である。ここでは、短中期的な消費量削減に重要となる高効率化に向けた取り組みに加え、将来の低炭素エネルギー社会の中での見通しおよびCO$_2$回収・利用・貯留（CCUS：Carbon dioxide Capture, Utilization and Storage）について議論する。

3.1 再生可能エネルギー

3.1.1 再生可能エネルギーの現状

　現在、気候変動対策の一環として、多くの国が再エネの政策的導入を進めている。我が国においても、2021年10月の第6次エネルギー基本計画[3]では、この排出削減のために、電源構成における再エネの比率を2030年度に発電量ベースで36 〜 38%とすることを目標としている。

　これまで再エネは、低いエネルギー転換効率や高い設備コストから発電コストが高くなるとされていたが、近年は設備費の低コスト化などにより、安価であった石炭火力を下回るようになってきた。しかし、再エネを主力電源として用いる場合は、出力変動を緩和する蓄エネルギー設備が必要となる。また、太陽光や風力は発電設備の設置に広大な土地を必要とする。しかし、日本では、設置に適した場所が限界に近付いているのが現状である。

以下では、これらに関するシナリオ分析とその不確実性、技術展望について述べる。

3.1.2 シナリオが示す絵姿およびその不確実性

(1) シナリオ分析結果の概要

　図3-1に示すように、シナリオ分析の結果によると、NZの場合の2050年の総一次エネルギー供給に占める再エネのシェアは61 〜 63％と、大量導入される計算となっている。なお、再エネのうち太陽光が40 〜 44％、風力が24 〜 29％である。2050年の発電設備導入量は、太陽光発電が287.0ないし300GW、風力発電が100GWないし130GWである（図3-2）。計算では、再エネ電源の導入上限値を設定しているが、太陽光と風力は、ほぼ上限値まで導入される結果となっている。

図3-1　2030年および2050年における各ケースでの
　　　　日本の一次エネルギー供給構成

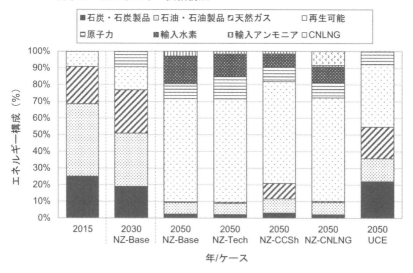

図3-2　2030年および2050年の再生可能エネルギーの発電設備容量構成

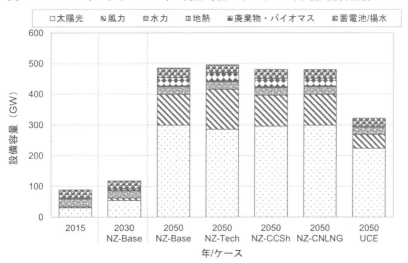

(2) シナリオの前提条件と不確実性

太陽光発電

a. 適地の限界と拡大

　　太陽光パネルの設置には広い土地を必要とするが、食料生産に必要
な農地や、自然保護や災害対策に重要な山林などへの設置は避けなけ
ればならない。現状で、太陽光発電、特にメガソーラーなどの大規模
太陽光発電の設置に適した場所は既に不足している。[23]したがって、よ
り少ない面積でも多くの出力が得られるように、太陽電池の高効率化が
必須となるとともに、住宅の壁面など、これまで太陽光パネルに向かな
いとされてきた場所へも設置できるよう技術開発が進められている。

b. 効率向上

　　一般的なシリコン系太陽電池のエネルギー変換効率は、現状で20
〜25%程度であるが、理論的な最高効率は29%程度と考えられてお

り、今後の技術の進展と普及の程度によって、将来の単位面積あたりの発電量は増加する。また、多接合型の化合物太陽電池[24]のように、太陽光のエネルギーを広い波長範囲で電気に変換可能な技術の開発も進められている。

ｃ．発電単価

世界的な傾向として、この12年間で太陽光発電の発電コストは80〜90％程度と大きく低下している。日本も12年間で発電コストが約80％低下したが、2022年時点で0.092US$/kWh[4]であり、他国の2倍程度高い[25]。これは、太陽電池モジュールのコストは他国並みの水準まで低下しているが、工事や土地造成費用などのコストが高いことが要因といわれている。

また、太陽光や風力は、出力が日照や風況に影響される、いわゆる変動性再エネ（VRE）である。電源構成におけるこれらの割合が少ない段階では、火力発電などの調整力で電力の需要と供給を整合させることができるが、2050年へ向けてVREが大規模に導入されると、需要と供給を整合させるために必要な蓄電池設備が膨大となり、発電コストが高くなる。

風力発電

風力発電は、例えば、1週間以上停止するような無風期間もあり、必要な蓄電量を評価することが難しい。したがって、風力発電では、出力を調整するための蓄エネルギーコストを考慮していない。実際は、風力も導入が進むと蓄電が必要であり、その規模によって導入量は左右されることとなる。

適地については、広い領海と排他的経済水域を持つ我が国において、洋上風力発電では大量の導入可能性がある。特に日本周辺は、比較的水深の深い海域が多いため、着床式はもとより浮体式洋上風力の開発

が導入量を左右するであろう。また、洋上の場合は、LCOEに占める
保守管理、電気設備、周辺機器、工事費の割合が大きい。したがって、
洋上風力発電の導入普及には、技術開発によるこれらのコスト削減が
重要となる。

その他の再生可能エネルギー

　バイオマス発電については、政府目標である8GWに対して、実際
の導入量は、10.4GWとなっており、現時点で政府目標を超えている。
シナリオ分析の試算結果によると、2050年のバイオマスの導入量は
27.0 GWと現状の3倍弱となっている。

　バイオマス・廃棄物発電については、国内バイオマスや廃棄物の有
効利用や海外からの大量で安定的なバイオマス原料の輸入が重要とな
る。

　なお、バイオマスは、後述するBECCSによるCO_2のネガティブエ
ミッションにも関連しており、その導入量によりCNの実現可能性が
左右される。

3.1.3 再生可能エネルギー導入に向けた不確実性のまとめ

　太陽光、風力のいずれも、適地不足や蓄電池などの蓄エネルギー分の追
加コストが顕在化してきている。これらの課題は、予測の不確実性を生む
主たる要素であるとともに、2050年へ向けて技術開発などによって解決
していくべき問題である。

　さらに、各設備は中長期的には入れ替わるために、廃棄やリサイクルの
問題がより大きくなる。新規の設備を大量に設置するためのサプライチェ
ーン確保や、景観・環境・農林水産業との共生といった国民理解を得るた
めの社会受容性も重要な因子となる。

3.1.4 再生可能エネルギーの技術展望

（1）太陽電池

　ペロブスカイト太陽電池は、シリコンの替わりにペロブスカイト構造を持つ化合物を用いた太陽電池であり、フレキシブルで軽量な太陽電池が実現できる[26]。

　これにより、耐荷重性の低い建築物や建築物の壁面、自動車のボディーなど、多様な設置形態が可能となり、適地拡大に資する。さらに、塗布技術で容易に作製できるため、既存の太陽電池よりも低価格になることが期待されている。実用化においては、モジュールの大面積化と耐久性の向上、変換効率向上が鍵となる。

　CIS太陽電池は、結晶シリコンの代わりに、銅（Cu）、インジウム（In）、セレン（Se）の化合物を組み合わせた太陽電池で、結晶シリコンの厚さ150 ～ 200μmに対して、23μmと非常に薄くすることができ、低コストで作成することが可能である。また、日射量が低い状態での発電効率が高く、曇天や影のある場所でも発電できる。一般的に変換効率がシリコン系の約20％に比べて15％程度と低く、高効率化が課題とされている。

　III-V系太陽電池は、周期表のIII属（ガリウム）とV属（ヒ素）を中心とした原料から作られる太陽電池であり、電気に変換する光の波長領域が広く、変換効率が30 ～ 32％と高い。また、宇宙線などの放射線に対し高い耐久性を持つ。ただし、他の太陽電池に比べて製造コストが非常に高く、現状では宇宙用などに限定されている。

（2）風力発電

　洋上風力は、陸上風力に比べて高コストになりやすいため、コスト低減に資する技術開発が重要となる。また我が国は、着床式洋上風力に適した領域は限られており、適地拡大のためには浮体式洋上風力の技術開発が重要となる。

　洋上風力では、保守管理や電気設備、周辺機器、工事費を下げることが重要であるが、簡単な点検業務を遠隔で実施できるようなシステムや、振動データなどを基にした故障診断技術などの導入が始まっている。また、送電線の新設や浮体設備・基礎の土木工事など、風車本体のみではない総合的な技術開発、コストダウンが重要となる。

　風力発電では、大型化により発電コストが下がる。2021年時点の日本での風力発電の1基あたりの平均容量は2.4 MW/基である[27]。陸上では、風車羽根の輸送制約などにより、これ以上の大型化は難しいと考えられている。洋上では、さらなる大型化が進み、2030年には15 〜 20 MW/基に達すると見込まれている[28]。

（3）出力変動対策

　太陽光や風力はVREであり、その設備利用率は太陽光で13%、風力で20 〜 30%程度である。これらの変動する出力だけで電力需要を安定的に賄うのは難しい。電源構成におけるVREの割合が少ない段階では、火力発電などの調整力で電力の需要と供給を整合させることができる。しかし、今後、再エネが主力電源として機能するためには、送配電設備の整備、需給調整の運用高度化などに加えて、需要を超える電力を一時的に貯蔵する技術が必須となる。

　電力を貯蔵する技術としては、蓄電池や揚水、水素などがある。蓄電池は、系統用の大型蓄電池に加えて、産業用や家庭用、EV用など多様な用途で導入され、コストダウンも進んできた。今後は、材料であるレアメタルの確保や代替材料の開発、使用済み蓄電池のリサイクル・リユースも重要性を増す。図3-3に、各種の蓄エネルギー技術が担う領域を示す。蓄電池は、出力100MW以下程度で比較的短時間の出力（種類によるが数分〜数時間出力）の蓄電に向いている。揚水発電は、比較的高出力で長時間の蓄電に用いられる。水素は、技術的には日・週単位、さらには季節間の蓄電に使用できるが、コストダウンやサプライチェーン、インフラの整備な

図3-3　各種蓄エネルギー技術が担う領域

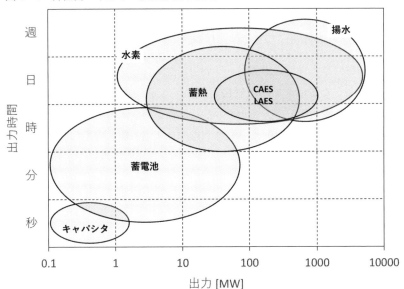

ど、実装にはまだ課題が残る。

(4) 長期エネルギー貯蔵の重要性と技術オプション

　再エネの導入が進むにつれ、6 ～ 10時間前後の出力時間を確保できる蓄エネルギー技術の需要が高まっている。開発が加速しつつあるのが、熱を利用して電力を蓄える蓄熱発電と、圧縮空気や液化空気でエネルギーを蓄える圧縮空気エネルギー貯蔵 (CAES) および液化空気エネルギー貯蔵 (LAES) である。

蓄熱発電

　蓄熱発電は、再エネ由来の電力を熱に変換して蓄え、必要時に熱を電気に変換する。大容量の場合は、設備コストが蓄電池に比べて安価となる。[1]また、需要によっては、出力を電力のみならず熱として供給することも可

能である。蓄熱発電は、出力が数MWから数百MW、出力時間が数時間から数日間の使用に向いている。

　蓄熱発電の実装については、例えば、既存石炭火力発電のスチームタービンを流用して、蓄熱システムを追加新設することなどが提案されている。

圧縮/液化空気エネルギー貯蔵

　圧縮空気エネルギー貯蔵と液化空気エネルギー貯蔵では、電力を使って圧縮機を運転し、空気を圧縮ないし液化して貯蔵する。発電時には、この空気で膨張機を運転することで電力を取り出す。[29]CAESやLAESは、出力が数十から数百MW、出力時間は数時間から数日間の使用に向いている。

(5) BECCS

　BECCSは、バイオマスをエネルギーとして利用し、そこから回収したCO2を地中などに隔離する技術である。本来、カーボンニュートラルであるバイオマス利用にCO2の隔離・固定を合わせることで、トータルとしてネガティブエミッションとなる。

　シナリオ分析では、2050年のCNを達成させるためには、1500PJ分のバイオマス利用とBECCSによるネガティブエミッションが必要と試算されているが、将来的に1500PJ分のバイオマスが利用可能か、利用技術や調達可能性を含めて課題が残る。しかし、運輸部門などCN化が難しく、CO2を排出せざるを得ない産業が存在する限り、ネガティブエミッションは必要となる。

3.2 原子力

3.2.1 原子力の現状

原子力発電は、1950年代半ばに最初の商業用原子力発電所が運転を開始して以降、60年以上にわたり、世界各地において建設・運転が進められてきている。2023年5月の時点では、439基が運転中となっており、世界の電力の約10％を供給している。建設中の炉は、中国、ロシア（CIS）を中心に50基程度はあり、今後もしばらくは増加していくことが見込まれる。これらの大部分は大型軽水炉である。建設計画も中国やロシアで多い傾向にあるが、最近は東欧で計画中の炉が増加していることも特徴的である。

原子力は、発電時にCO_2を排出しないため、気候変動緩和の観点からもその重要性が認識されている。政策的な観点では、EUの欧州委員会が認定する気候変動の抑制に寄与する投資対象「EUタクソノミー」に、2022年1月、天然ガス発電と共に原子力発電が認定された。

炉型としては、現在は軽水炉が主流となっているが、将来を見据えた革新炉の検討も行われている。近年は、大型炉だけではなく、小型モジュール炉（SMR）の開発が各国で活発に進められている。SMRについても軽水炉をベースとしたものだけではなく、それ以外の技術（高速炉、高温ガス炉、溶融塩炉）をベースとしたものの開発も進められている。さらに、商用炉としての実用化は、2050年までには困難かもしれないが、核融合炉の開発研究も活発に行われている。新型炉の開発状況については3.2.3で後述する。

日本国内においては、2023年5月に、いわゆるGX脱炭素電源法が成立し、その中で経済産業大臣の認可を受けた場合に限り運転期間の延長が認められることとなった。原子力小委員会の検討によるが、60年を超えた運転も可能となる可能性がある。

3.2.2 シナリオが示す絵姿およびその不確実性

(1) シナリオ分析結果の概要

　ここでは示していないが、予備評価において原子力の利用なしとしたケースでは、解なしとなった場合が多かった。解が得られるかどうかは、シナリオ分析における他のパラメータの想定にも依存するが、少なくともCNを実現するにあたって原子力も重要技術のひとつであるとはいえる（3.2.3（2））。

　また、今回のシナリオ分析においては、NZのすべてのケースにおいて原子力が上限まで利用されている。原子力が相対的に安価な低炭素電源と位置付けられているということを示唆している。

　基本モデルであるNZ-Baseと、原子力および再エネが高位となっているNZ-Techを比較すると、NZ-TechではNZ-Baseに比べ電力消費量（図2-5）、エネルギー消費量（図2-4）が増えているなどの影響がみられる。このように原子力を含む低炭素電力の供給力が増加することにより、より多くのエネルギー・電力消費が想定できる（エネルギーシステム選択の幅が広がる）といったポジティブな影響があることが示された（3.2.3（2））。

(2) シナリオの前提条件と不確実性

　シナリオ分析における原子力の基準シナリオは文献[30]に準拠している。なお、このグラフは、安全審査の状況や再稼働の実施状況にかかわらず、廃止を決定していないすべての既存炉の発電容量をプロットしたものであり、また、すべての原子力発電所の運転期間を60年に固定している。シナリオ分析でこれに準拠する設定を行うことは、暗黙のうちに以下の条件が想定されている。

図3-4 国内原子力発電所の将来の設備容量見通し

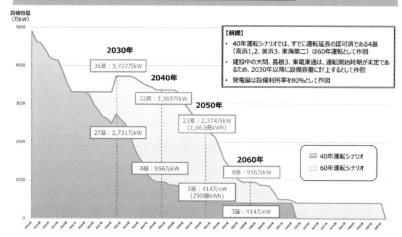

※文献[30]を参考に今回のモデルケースとして、60年運転シナリオの推移を用いた

①現在、廃炉が決定していない炉は2030年より前に再稼働される

　福島第一原子力発電所の事故（以下、1F事故）から既に12年経過しているにもかかわらず、まだ10基しか再稼働をしていないという現状を踏まえると、あと7年程度で未申請の炉も含めてすべて再稼働するかどうかは不透明である。

　GXに向けた基本方針においては、「いかなる事情より安全性を優先し、原子力規制委員会による安全審査に合格し、かつ地元の理解を得た原子炉の再稼働を進める」と明記されており、この方針に従って再稼働がどの程度進むかが当面の大きな不確実性といえる。

②現在建設中の3基は2030年に運転開始する

　建設中の3基の運転開始の時期は不透明である。2030年にまとめてそ

の分の設備容量が増加するという可能性は低い。2030年ちょうど、ある
いはそれまでに運転を開始しなかったとしても、2050年までの全体傾向
に大きな影響を与えるわけではないが、その炉は、運転を開始した年の
60年後、2090年ごろまで運転を継続する可能性があるという意味で、長
期的な残存基数に与える影響は少なくない。

③最近の法改正にもかかわらず、すべての炉の運転期間を60年とする

　前述のGX脱炭素電源法に従って1F事故に伴う停止期間を延長期間に
含めることが認められれば、運転終了を運転開始の60年後までとして示
した図3-4の曲線よりも、実際の設備容量はより右側にシフトすることに
なる。また、再稼働が遅れるプラントが多ければ、曲線がシフトあるいは
勾配が緩やかになるなどの影響はあるが、21世紀後半には、原子力発電が
ほぼゼロになるという状況に対する本質的な影響はない。また、申請をあ
きらめて廃炉を選択するプラントがでてくれば、その分全体の発電容量は
低下する。

④高位シナリオでは、2030年以降は37.2 GWを上限として
　新規の建設が行われることが想定されている

　日本の現状を考えると、まったく新しい敷地に新規の原子力発電所を建
設することは、現実的ではなく、既存の発電所の敷地内または既存の発電
所の廃止措置を完了した跡地に建設するというシナリオが現実的である。
そのこともあり、「今後の原子力政策の方向性と行動方針」（2023年4月
28日、原子力関係閣僚会議決定）においては、「廃炉を決定した原発の敷
地内での次世代革新炉への建て替え」と記載されている。

　廃止措置が完了した跡地への建設を想定する場合、国民や立地地域の
方々の理解に加えて、廃止措置が順調に進むかどうかも敷地確保に関する
大きな不確実要因になり得る。

3.2.3 原子力の技術展望

　前述のとおり、原子力は60年以上にわたって商用で発電実績のある技術的に確立済みの大容量低炭素電源である。したがって、社会が原子力の必要性を認識し、その利用を積極的に進めるという判断がなされさえすれば、CNに対して十分に寄与し得る。前節で述べたとおり、国内原子力の活用のためには、短期的には現在停止している炉の再稼働が大きな不確実性となる。中長期的には、特に多少の運転期間延長が実現しても21世紀後半には、ほとんどの既設炉が運転を停止すると予想されるなか、新規の原子発電所の建設をどうするかが大きな判断材料となる。

　再稼働、新規の建設とも社会の理解が極めて重要である。その意味で社会受容性にも関係する放射性廃棄物処理・処分および1Fの廃炉における課題に着実に対応していくことも重要である。

（1）再稼働の現状と課題

　2011年3月11日に発生した1F事故を契機として、日本においては一旦すべての原子力発電所が停止した。その後、1F事故における教訓[31]を踏まえて、2013年7月に新規制基準が施行され、それに適合すると認められた場合は再稼働を進めることとされた。前述のとおり、現時点で国内の原子力発電所33基のうち、営業運転を再開したのは約3分の1の10基である。

　再稼働を進めるためには、技術的な対策は当然として、国民からの信頼回復に努めていくことが第一である。そのためには、電気事業者が単に新規制基準に適合するというだけではなく、自発的、継続的に安全性向上に取り組むことが不可欠である。2023年4月に原子力閣僚会議で決定された「今後の原子力政策の方向性と行動指針」においては、「『安全神話からの脱却』を不断に問い直していくべく、国と事業者は、幅広い関係者と連携して、規制充足にとどまらない継続的な安全性向上に向けて、安全マネジメントの改革を進める」と明記されている。また、「立地地域との共生」、

「国民各層とのコミュニケーション」も行動指針として掲げ、「再稼働への
関係者の総力の結集」を行うこととしている。

(2) 新規建設の必要性・価値

　前述のとおり、運転期間を60年とすると2050年前後において原子力
の発電量は急速に減少する（図3-4）。この傾向は、運転期間延長があっ
ても、その分減少する時期が遅れるだけで本質的には変わらない。した
がって、2050年時点において、新規の建設を行うことなく残存する原子
力発電所だけでCNが実現できたとしても、その後、稼働する原子力発
電所が急減することで、そのシナリオは維持できなくなる可能性が高い。
2050年以降にも、原子力による低炭素電力の供給を期待するのであれば、
2050年前に原子力発電所の建設を進めることが必須といえる。

　ただし、原子力の減少分を他の低炭素電源で補うということもあり得る
ため、新規原子炉の建設の必要性を示すには、以下のような視点により新
規原子炉の価値を示していく必要がある。

- 低炭素電源が全般的には不足傾向にあり、原子力の減少分を他の低炭
  素発電方法で補うことには困難が予想される。
- 原子力は、再エネとは異なり、気候などの影響を受けない安定したエ
  ネルギー供給手段である。
- 原子力発電時に発生する温度・熱により、発電以外の技術オプション
  が提供できる。

　これらの事項を考慮し、2050年以降の原子力の継続的利用を見据えつ
つ、2050年より前に原子力発電所の建設を進めていくことが重要である。

(3) 革新炉技術開発の現状

　原子力発電所の建設を進めるためには、原子力そのものに対する社会の
理解向上を進めるとともに、安全性・経済性に優れた次世代革新炉を開発
することもまた重要である。GXに向けた基本方針においては、今後の建

設を想定している「次世代革新炉」として革新軽水炉、小型軽水炉、高速炉、高温ガス炉、核融合炉の5つが挙げられている。ただし、これらのうち「商用炉」とされているのは革新軽水炉のみである。世界的な状況を踏まえても、2050年前後の原子力急減を補償するために建設されるのは革新軽水炉になると想定するのが現実的といえる。

また、特に米国、英国、カナダなどにおいて、SMRの開発が活発に進められている。

次世代革新炉の多くは、運転開始目標を2030年以降に掲げ、途上国を含む多くの国においてフィジビリティスタディを行うとともに、建設に向けたサプライチェーン構築も着実に進めてきている。

（4）廃止措置の現状と課題

廃止措置の円滑な実施は、原子力社会受容性に影響を与える要因のひとつとなり得る。また、GX実現に向けた基本方針では、次世代革新炉の建設は「廃炉を決定した原発の敷地内」とされており、廃止措置を円滑に実施することは、次世代革新炉の建設場所の確保にも影響を与え得る。

国内に存在する原子力発電所の30％以上にあたる21基（福島第一原子力発電所の6基は含まない）が既に廃止を決定、またはその方向で検討が進めており、今後、数十年以上にわたり廃止措置の作業が順次続けられることが想定されている。その円滑な実施のために、海外を含む廃炉に関する知見・ノウハウを蓄積していくこと、必要な資金を確保していくことなどが重要である。

（5）放射性廃棄物処理処分、1F廃炉に関する課題
放射性廃棄物処理処分

使用済み燃料の再処理から生ずる高レベル放射性廃棄物（HLW）については、国内における適切な候補地の選定と、それに伴う利害関係者への理解促進活動を通して、地層処分場の立地を着実に進めていく必要がある。

現在、その候補となっている地区の地形および地質・地質構造などに関して情報整理を行っている。[32]

福島第一原子力発電所の廃炉

　福島第一原子力発電所の廃炉の遂行および完遂は、原子力の信頼回復に必須の事項である。現在、現場および周囲の環境整備、ロボットによる炉内状況把握などの調査および研究が行われており、さらなる調査研究、あるいは調査のあとの溶融燃料と周辺の構造材などの混合物、いわゆるデブリの取り出し作業の道筋を定めるための検討などが精力的に行われている。また、処理水の海洋放出が2023年8月24日に開始され、1F事故により汚染した地域も、その現場に近い一部を除き、住民の帰還が可能な状態になるなどされており、今後は「安心の醸成」が強く求められていく。

(6) CNに向けた原子力技術のポイント

　CNに向けた機運の高まりに加え、ウクライナ情勢を踏まえエネルギーセキュリティー、特にロシアの原油・天然ガスに依存することのリスク意識が高まっていることから、原子力の支持も世界的に高まる傾向にある。国内においても1F事故後初めて革新原子炉の建設に向けた取り組みが明記されるなど風向きは変わりつつある。[33]

　日本においては、2050年ごろまで既存炉の再稼働および運転延長などが順調に進めば、1割強の電力を供給することが可能であり、CN実現に対して一定の役割を担うことができる見通しである。しかし、稼働可能な原子力発電所は2050年以降、概ね1基／年の割合で減少し、2070年には3基のみになる。他の技術によって、低炭素かつ安価な電力を十分に供給する見通しが立たないなか、「GX実現に向けた基本方針」で示された次世代革新炉の開発・建設について、真剣に検討しなければならない時期がきている。

　2022年 GX実行会議においては、原子力は再エネと共にGXを進める

うえで不可欠な脱炭素エネルギーとされ、再稼働に向けた関係者の総力の結集、安全性の確保を大前提とした運転期間の延長など、既設原発の最大限の活用、新たな安全メカニズムを組み込んだ次世代革新炉の開発・建設などの項目が提示された。こういった情勢も考慮して、我が国での今後の原子力の在り方に対する判断を合理的に行っていくべきであろう。

3.3 化石エネルギーとカーボンリサイクル

3.3.1 化石エネエネルギーとカーボンリサイクルの現状

（1）化石エネルギーの現状

　我が国は周囲を海で囲まれ、自国のエネルギー資源に乏しく、化石エネルギー（資源や燃料）を海外からの輸入に頼っている。それゆえに現状の電源構成は、化石エネルギー由来の火力発電が8割以上を占めている。そこから排出されるCO_2量を削減するには、再エネや原子力の導入が欠かせないが、それらの導入量が未だ少ないことと、電力の需給調整に火力発電が欠かせないことから、既存のインフラを活用したうえでのCCSの導入やアンモニア・水素の混焼・専焼に向けた技術開発が進められている。

　特にCO_2排出量の多い石炭火力については、ほとんどの先進国で2030年までに廃止・全廃が宣言されている。しかし、島国で資源に乏しい我が国は、エネルギー自給率が非常に低く、再エネの適地が少ないことなどから、国際社会に向けて脱石炭、脱火力を明言できていない。

　こうした背景から我が国は、徹底した省エネ、製造業の構造転換（燃料転換や原料転換）、再エネの積極的な導入、原子力の活用、水素やアンモニアなどのCN燃料の導入促進、資源やエネルギー確保に向けた国際連携の強化、カーボンリサイクル、CCSの導入促進など総力戦で対策を進めている。

（2）カーボンリサイクルの動向

　2019年1月にダボス会議で安倍元総理が「CO_2は多くの用途に適した資源になる可能性を秘めており、CCU（CO_2有効利用技術）の活用を考えるとき」と述べた。同年2月に経済産業省にカーボンリサイクル室が設置され、同年6月に世界初となるカーボンリサイクル技術のロードマップが策定された。その後、2021年7月に改訂され、さらに2023年6月にカーボンリサイクルの導入目的や意義、産業化を加速するためのポイントなどを再整理した「カーボンリサイクルロードマップ」が発表された。[34]

　これによると、2050年のCN社会の実現に向けて、火力発電所の脱炭素化や、素材産業や石油精製産業など電化や水素化などが難しくCO_2の排出が避けられない分野を中心に、カーボンリサイクルが必要とされる。

3.3.2 シナリオが示す絵姿と不確実性

（1）シナリオが示す絵姿

　CN社会の実現のために、日本のエネルギーシステムは大きな変革が求められている。特に化石エネルギーは、極力使用を避けることが肝要であり、使用するならばCO_2を分離回収して地下に貯留するCCS技術などを組み合わせて大気にCO_2を極力放散しないことが求められる。例として基準ケース（NZ-Base）のシナリオ分析結果を表3-1にまとめる。これによると、化石エネルギーの使用をほぼ止める代わりに、CN燃料などに代替し、加えてNETsを導入することが求められている。現状、商用化の目途が立っていないDACやCCSなどを経済的な負担なく運用している将来像と現状には大きなギャップがある。すなわち今後は、CNに資する技術普及の加速化が求められるとともに、現在から2050年に向けた移行期（トランジション）に必要な具体的なアクションプランが求められる。

　図3-5は、エネルギーの供給側からみた2050年に向けたCO_2排出量削減のパスである。この図は、2.のシナリオ分析の結果を基に作図したわけ

表 3-1　シナリオ分析が描く 2050 年の絵姿

項目	化石エネルギーに関連する2050年の絵姿
一次エネルギー	・化石資源（燃料）のシェアは2015年の95%から10%に低下する。 ・天然ガスが水素やアンモニアに代替する。 ・水素やアンモニアの導入量は一次エネルギー供給量の約19%になる。
電源構成	・火力発電のシェアが2030年の46〜71%から5〜40%に低下する。 ・バイオマスや水素発電を担う火力もシェアとしては低下する。 ・わずかに残る化石燃料を使用した火力発電には、すべてCCSが必須となる。
産業部門	・石炭利用が激減する。 ・鉄鋼分野での還元製鉄や電炉の導入が促進される。 ・鉄鋼、化学、セメントなどの素材産業での化石資源（燃料）の使用が避けられない。よってDACやCCSの重要性が高まる。
業務部門	・さらなる省エネルギーの導入が促進される。 ・石油系燃料や天然ガスが、電力や低温熱、太陽熱などに代替する。 ・電力需要が約80%に達する。
家庭部門	・石油系燃料（灯油やLPG）の需要が低下する。 ・天然ガスの需要も低下する。 ・太陽熱利用が約10%、電力需要が約90%に達する。
運輸部門	・大型車：水素需要が約40%に達する。 ・乗用車・小型車：EV化により電力需要が95%に達する。 ・船舶・航空：合成燃料などの利用[5]。ただし、化石燃料は全廃しない。

ではなく、現状、政府が数値を公表している施策を基にエネ総研が独自に作図したものである。2013年度のCO_2排出量（約1300Mt）を基準年として、2030年に46%（約600Mt）の削減目標と、2050年までのCNの実現を描いている[6]。2030年までの目標については、第6次エネルギー基本計画に基づき省エネルギー、原子力、再エネなどの導入目標がある[35]。2050年に向けて、2030年以降の20年間で削減すべきCO_2量は約660Mtである。

図3-5　2050年のカーボンニュートラル社会実現に向けたCO_2削減のパス[8]

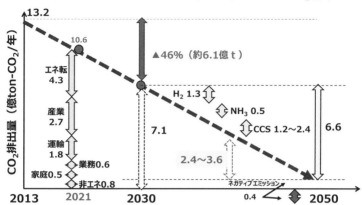

（2）シナリオ分析の不確実性

　2050年のCN実現に向けた政府の施策は、（1）水素の導入目標（20Mt／年）[36]、（2）アンモニアの導入目標（30Mt／年）[36]、（3）CCSの導入目標（120～240Mt／年）[37]などがある。これらの導入によって削減されるCO_2量は合計300～420Mt／年となる。[7]つまり、2030～2050年に削減すべきCO_2量約660Mt／年に対して、約240～360Mt／年をさらに削減しなければならない。

　もちろん2030年以降の電源構成などが不透明なので明示できていないが、省エネ、原子力、再エネなどがさらに導入されれば、このギャップは小さくなる。また、シナリオ分析では、CO_2を原料にした合成メタン（e-methane）の導入など需要側のCO_2削減対策も考慮されており、カーボンリサイクル技術への貢献も期待できる。供給側で再エネ導入などによってCO_2フリーな電力が得られるが、原料や熱源、燃料のCO_2削減は難しい。カーボンリサイクルロードマップ[34]では、カーボンリサイクル製品の製造・利用に伴うCO_2の利用量が公表されており、2050年時点でCO_2リサイクル量は約200～100Mt／年と試算されている。このCO_2リサイクル量は、カーボンニュートラルに向けたシナリオが進展するほど化石燃料や化石資

源の利用量が減少することから、CO_2利用量も減少することを意味している。この量は図3-5のギャップ（約240 〜 360Mt/年）の約半分である。

3.3.3 カーボンリサイクルの技術展望

(1) カーボンリサイクルの意義

　カーボンリサイクルは、CO_2を資源と捉え、新たな価値（有価物）に変換し、市場に戻す（リサイクルする）ことを指す。カーボンリサイクルの技術や製品の普及だけでCNを実現することは困難であるが、カーボンリサイクルは、既存の設備やインフラ、そしてCO_2転換のための既存技術などを最大限活用することで成り立つシステムが多く、2050年までの移行期に、迅速かつ大量にCO_2を削減できる可能性を秘めている。

　カーボンリサイクル製品は化学品、燃料、鉱物に大別されており、その用途は多岐にわたる。それらの製造にCO_2を最大限利用することができれば、既述のとおり2050年断面で約200 〜 100MtのCO_2が製品に取り込まれる[34]。同様な検討はエネ総研でも以前に実施している[38]。

　例えば、火力発電所にCCU燃料を使用しても、排ガスにCO_2が含まれてしまうので、排ガスからCO_2を分離回収し、もう一度燃料に転換したうえで火力発電の燃料としてリサイクルすれば、大気へ放散されるCO_2が大きく削減できる。もちろんプロセスの変換効率などは、100％ではないので大気へのCO_2放散がゼロにはならない。よって、DACやCCSの導入も必要である。

(2) カーボンリサイクルを構成する技術

　カーボンリサイクルは、排気ガスなどからのCO_2分離回収技術、輸送技術、貯蔵技術、変換技術など、さまざまな技術で構成されている。

　CO_2分離回収技術は、化学吸収法をはじめ物理吸収法や物理吸着法（PSAなど）、固体吸収法、膜分離法などさまざまな開発が進められ、一

部は既に商用化されている。今後は、中小規模の事業所や船舶、大気中などからのCO_2回収も必要となり、上記5種類の技術を応用した回収技術や金属有機構造体（MOF）、チルドアンモニア法、ハイドレート法、深冷分離法など適材適所な技術が求められる。

　輸送技術は、パイプライン輸送、船舶輸送、鉄道輸送、トラック輸送など多くの手段がある。国内では、コンビナート内ではパイプライン輸送もあるが、遠方への輸送には船舶輸送、近距離・陸間ではトラック輸送が主流である。船舶輸送では低温低圧輸送の実現に向けて開発が進んでおり、国立研究開発法人新エネルギー・産業技術総合開発機構（NEDO）の「CCUS研究開発・実証関連事業」の一環で開発されたCO_2輸送実証試験船「えくすくぅる」（2023年11月に完成）は、その一例である。[39]

　貯留技術については、国内でも新潟県長岡市の南長岡ガス田や北海道苫小牧市でCCS実証された実績がある。[40]以後、2022年にJOGMECがCCSガイドラインをまとめたほか、2023年6月には経済産業省がCCS事業法（仮称）の在り方[42]や、CCSのロードマップ[34]をとりまとめた。さらにJOGMECの「先進的CCS事業」では、2030年度までに開始するCCS事業7件（苫小牧地域、日本海側東北地方、東新潟地域、首都圏、九州北部〜西部沖、マレー半島、大洋州）が選定され、合計約1300万トンのCO_2貯留が見込まれている。

　変換技術は、基幹物質（メタノールやエタノール、合成ガスなど）、化学品、燃料、鉱物などを製造する技術を指すが、製品が多岐にわたるため、変換技術も数多く存在する。そのほとんどは、既存の技術で対応が可能であるが、原料であるCO_2の濃度、純度、不純物の種類や有無、水素の調達法、製品の用途などによりプロセスを改良したり、触媒を開発・改良して変換条件を補正する必要がある。

（3）カーボンリサイクルの課題と展望〜国際サプライチェーンの構築

　CO_2は、非常に安定な化合物であるため、有価物に変換するには外部

からの大きなエネルギーを要する。加えて有価物を合成するには多くの水素が必要である。よって、いかに変換エネルギーを確保し、安価でCO_2フリーな水素を大量かつ安定して調達することがカーボンリサイクルの市場化の鍵を握る。そのため、バイオマスの活用や水素を必要としない技術開発（鉱物化など）を率先して進めることも重要である。そして将来は、水素だけでなくCO_2やカーボンリサイクル製品についても国際サプライチェーンを構築できるような仕組みづくりが必要になる。

　また、カーボンリサイクルはさまざまな技術に支えられているため、異業種・異分野の事業者の連携（産業間連携）が必要であり、カーボンマネジメントの手法やエネルギーシステムの改革も要求される。

　まとめると、①将来のエネルギー社会像を想定したさまざまな産業間連携を構築すること、②異業種・異分野の産業をつなぐカーボンマネジメント事業者のような担い手を創出すること、③コストが総じて高くなるカーボンリサイクル製品の普及啓発（環境価値の創出）と研究開発を加速させるスタートアップを育成することの3点がカーボンリサイクルの早期実現の重要なポイントとなる。

　カーボンリサイクルロードマップでは、国内での産業間連携（CO_2サプライチェーン）を3つのタイプに分類して、それぞれの特徴を整理している。例えば、コンビナートのような大規模集積型ではCO_2排出者とCO_2利用者が同一地域に存在し、既存のインフラが整備されている利点を活かせば、カーボンリサイクルの早期実現が期待できる。ただし、CO_2サプライチェーンが存在しない今、関連する法令の整備や規制緩和（独占禁止法、道路法、河川法、高圧ガス保安法など）の対策が必要になる。そして、カーボンマネジメント事業者が産業間連携を実施するうえで欠かせない存在となり、CO_2の需給調整やトレーサビリティの確保、CO_2削減効果の検証などの役割を担うことになる。

　国際連携の観点からは、例えば、日本の発電所などで発生するCO_2を輸送船に積載して、再エネが豊富で安価な国外に輸出し、現地でカーボン

リサイクル燃料を製造する。その安価なカーボンリサイクル燃料を、今度は日本に輸入して国内で混焼または専焼で消費する。混焼率が上がれば、その分のCO_2が削減される。また、アンモニアのサプライチェーンも加え、CO_2輸送船とアンモニア輸送船の兼用船が実現すれば、船舶の有効利用も図れる。

いずれにせよ、社会実装におけるポイントがそのまま課題として残っている。加えてカーボンリサイクルによるCO_2排出削減効果を適切に評価できる仕組み（標準化など）や、国際連携を進めるに当たっての地政学的検討、そして国境を越えたCO_2の取り扱いについても議論は進んでおらず、今後は海外も巻き込んで議論する必要がある。

3.4 水素エネルギー

3.4.1 水素エネルギーの現状と将来への期待

水素は多様な方法で製造できる二次エネルギー源で、特にCO_2フリー[9]水素は脱炭素化が困難な運輸、産業部門などの脱炭素化手段として期待が高い。しかし、現在国内で利用されている水素量は年間約2Mtとされ、[44]そのうちエネルギーとして販売、利用されている水素の量は、FCVの燃料を中心に年間600 t程度と推定される。[10]

世界各国では、水素の導入量やコストの目標を掲げた水素戦略が策定されており、例えば、EUのRePowerEU Plan[45]や米国のHydrogen Shot[46]などがある。これらの戦略に基づいて世界各国で水素に対する大規模な投資が行われており、各国は水素の普及を目指し、かつその主導権を争って急速に動いている。

日本では、2017年に水素基本戦略が策定され、2023年に改定されている。[19]水素基本戦略では水素の導入目標として、2030年に3Mt-H_2/年、2040年に12Mt-H_2/年、2050年に20Mt-H_2/年が設定されている。ま

た、水素供給コストの目標として、2030年に30円/Nm^3、2050年に20円/Nm^{3}が設定されている。2021年に策定された第6次エネルギー基本計画[3]においても、水素はCNに不可欠な脱炭素化手段であり、エネルギー安全保障の強化にも寄与すると期待されている。

3.4.2 シナリオが示す絵姿と不確実性

　他方、シナリオ分析の結果では、2050年の水素需給量はCO_2制約なしシナリオ（UCE）で3.2Mt/年（450PJ/年）であるのに対して、図3-6のようにNZシナリオの各ケースにおいては7～16Mt-H$_2$/年（1,000～2,200PJ/年）となり、水素はコスト面での優位性を評価され、CNの達成に重要な役割を果たすことが読み取れる。NZシナリオにおける導入量は国内CCSやCNLNG[11]の輸入といった脱炭素手段の有無により大きな影響を受け、それらが使えないNZ-Baseケース、NZ-Techケースにおいて水素需給量が16Mt-H$_2$/年程度と大きくなる。

　各ケースの水素需要をみると、今回の計算結果は、「水素は電化による脱炭素化が困難な領域の脱炭素化手段」という側面が強くでたものとなっており、全ケースで運輸用需要が3.7～4.6Mt-H$_2$/年と安定している。国内CCS拡大なしであると産業水素が0.7～2Mt-H$_2$/年となるほか、CNLNG輸入がない場合は天然ガスへの水素混入が0.7Mt-H$_2$/年となる。国内CCSやCNLNG[11]の有無による水素需要の違いは、水素を原料とした合成燃料製造が原因となっており、「あり」（NZ-CCShケース、NZ-CNLNGケース）では2Mt-H$_2$/年程度、「なし」では8Mt-H$_2$/年程度となる。水素専焼発電では、NZ-CCSh以外のケースで0.8～1.6Mt-H$_2$/年の水素需要が生じており、水素専焼発電の設備容量としては15～20GWとなる。これは、水素基本戦略における水素発電での水素需要見込5～10Mt-H$_2$/年からすると少ない。原因のひとつとして、TIMES-Japanによる計算上、日本の電力系統全体を1体として計算していることが考えら

図3-6 シナリオ別の水素需給

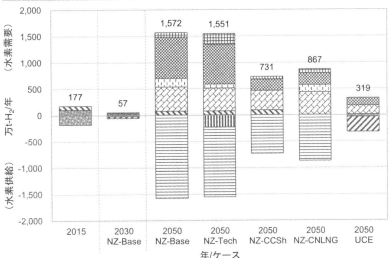

れ、実際には水素発電設備容量と発電水素需要が計算結果よりも多くなる可能性が考えられる。

　NZシナリオの水素供給については、いずれのケースにおいても水素基本戦略と同様に輸入水素が大部分を占めるが、風力発電や原子力発電の設備容量が多いNZ-Techケースにおいては、国内で製造される電解水素供給が2.3Mt-H₂/年（320PJ/年）となり、水素供給量全体の最大15％程度まで増加する結果となった。今後は、シナリオの検討を進めるうえで日本の水素利用のシステムイメージを描くことが有用であると考える。

3.4.3 水素エネルギーの技術展望

　水素を社会の主要なエネルギー源とするには、水素の製造から貯蔵、輸送、利用に至るまでの大規模なサプライチェーンの構築が不可欠であるため、世界的にも水素をエネルギーとして本格的に利用した実績はない。以下、関連する技術課題および課題に対する取り組みの状況を概説する。水素技術に関して日本においては、経済産業省・NEDO[47][48]、環境省[49]、国土交通省[50]、文部科学省[51]が先進技術開発、技術実証、利活用の環境整備などに関する公的支援を行っているほか、今後、水素基本戦略の下で官民合わせて15兆円の投資が行われる計画である。

(1)CO₂フリー水素の大規模製造技術

　シナリオ分析の結果によれば、CNの実現を目指すNZシナリオでは、条件により2050年の水素の需要が最大で2015年の4倍から9倍にもなる。あと30年に満たない期間でこの規模の水素供給を実現するには、確立されている技術を普及させながら、同時に研究開発を行う必要がある。大規模水素製造が可能な確立済み技術は再エネなどの電力を使った水電解か、化石資源からの水素製造とCCSの組み合わせが考えられる。また、水の熱分解による水素製造（高温ガス炉、太陽熱）など先進技術の早期実用化も求められる。

　水電解の普及には、電解槽のコストダウンや実用工業設備としての性能向上、大量生産が必要である。また、プロトン交換膜（PEM）型水電解装置に用いられる白金族元素触媒を筆頭に原料資源確保や使用済み製品からの資源回収など、製品サプライチェーンを支える技術や仕組みも不可欠である。

　化石資源からの水素製造とCCSの組み合わせにおいては、製造技術やCCS技術において効率の向上やコストダウンが必要である。例えば、褐炭からの水素製造効率の向上や、CCS技術においては膜分離法のような現

在主流の化学吸収法よりもエネルギー消費の少ないCO_2回収手法の改良、大型の液化CO_2輸送船など新たな輸送法の開発が挙げられる。また、新たなCO_2貯留層の開拓も必要である。

(2) 輸送・貯蔵技術

水素は$1Nm^3$あたり約90 g（空気の約14分の1）しかなく、効率的な輸送にあたっては気体から「水素キャリア」と呼ばれる形態に変換することが必要である。水素キャリアには、表3-2のようにそれぞれ長所短所があり、技術課題も異なるため、キャリアごとの課題に合わせて技術開発を行い、適材適所で導入を進める必要がある。

水素のパイプライン輸送については、欧米では既存の天然ガスパイプラインの活用も含めて積極的に活用することが検討されているが、我が国には全国規模の都市ガスパイプライン網がなく、新規敷設にも費用がかかることから主流ではない。内陸部の工場や事業所における本格的な水素利用を行うためには、沿岸の輸入港から内陸へ、大量の水素を安定して供給できる水素パイプラインを構築する必要がでてくるであろう。

(3) 水素エネルギー利用技術

シナリオ分析では、水素が多く利用される領域として図3-6からわかるように運輸用燃料、水素専焼（火力）発電、合成燃料製造、産業用水素の4つが挙げられた。ここでは、それぞれについて展望を述べる。

• 運輸用燃料

燃料電池動力システムは蓄電池に比べて軽量で、短時間でエネルギー補給が済むため、高負荷で長時間稼働するトラックなどの動力源として特に期待されている。燃料電池トラック・鉄道は、稼働する領域が限定され、水素需要量も安定しているため、水素ステーションの整備にも有利とされる。また、船舶、航空機などの脱炭素化を目的として水素・アンモニア共

表 3-2　水素エネルギーキャリアの簡易比較

	体積水素密度[12] (kg/m³)	長所	短所
気体水素（参考）	0.0899		
圧縮水素	40（70MPa） 23（35MPa）	広く普及	高圧ガス
液化水素	70.8	高密度高純度水素が得られる	−253℃まで冷却するエネルギー消費が大ボイルオフがあるため長期貯蔵に向かない
有機ハイドライド（炭化水素の一種）	47.0 （MCH※-トルエン）	室温で長期貯蔵が可能石油製品用インフラが活用可能	水素取り出しに熱（300℃前後）が必要
アンモニア（液体）	120.0	高密度原料が空気中の窒素圧縮により液化する直接利用できる	毒性、腐食性燃焼時の燃料由来窒素酸化物
合成メタン（液体）	108.1	高密度LNG、都市ガス用インフラが活用可能直接利用できる	製造時にCO_2が必要利用時にCO_2を排出
水素吸蔵合金	高いもので100前後	穏やかに吸脱できる高密度高純度水素が得られる	重量が重く、移動体に不向き

※ MCH：メチルシクロヘキサン

にエンジンでの利用が検討されている。運輸用燃料としての水素は、ガソリンに比べて液化水素で4分の1程度、アンモニアで4割程度の体積エネルギー密度しか持たないため、それを加味した機器の設計や運用が求められる。

・水素火力発電

　1カ所で大量の水素を消費するため、大規模サプライチェーン構築の際の需要家として適していると考えられる。各メーカーの最新の製品は水素混焼に対応したものとなっており、水素専焼ガスタービンについても一部の小型機では実用段階である。しかし、大量に水素を消費するという点は裏を返せば、大量に水素を製造して供給するインフラの構築が最大のネックとなる。

・合成燃料製造

　詳細については3.3および3.5に譲るが、大量安定安価な水素供給と、合成燃料利用時のCO_2カウントに関するルールづくりが必要である。

・産業用水素

　水素ボイラー、バーナー、工業炉などの各種工業設備が開発され実証段階であるが、実用には工場の安全対策も必要である。還元剤として炭素を一切用いない水素還元製鉄については技術的な難易度も高く、極めて安価で大量の水素供給がなければ従来の高炉還元鉄同等の製造コストは実現できない。高炉還元における水素利用を積極的に進めるCOURSE50や、その発展技術、CCSの活用なども組み合わせていくべきであろう。

(4) 国際水素サプライチェーンの構築

　我が国は、国土の条件に対してエネルギー消費が多く、CNを目指す場合においても他国からのエネルギー資源の輸入が必要となる。我が国は、長年にわたって水素の輸入に向けて国際水素サプライチェーンの研究開発・実証を行ってきており、商用展開に向けた検討が進むものもある。[52][53]国際水素サプライチェーンは、今や日本の専売特許ではなく、EUのRePowerEU Planにおいては2030年にEU全体の水素導入量目標20Mtの半分、10Mtを輸入する計画となっており、ウクライナ戦争を受けてロ

シア産天然ガスの代替資源のひとつとしても水素に着目している。国際水素サプライチェーンは基本的に新設が必要で、成立には多額の投資が必要となることが最大の障壁となるだろう。1960年代の日本に対するLNG導入の際には、東京電力と東京ガスが協力して大口需要を創出し、供給元と長期契約を結ぶことで導入が実現したという経緯がある。LNGと輸入水素導入の類似性については、エネ総研が独自に分析を実施している[54]。国際水素サプライチェーンの構築においても大口需要家への長期供給計画のようなスキーム構築が嚆矢となるのではなかろうか。

(5) 日本国内での水素製造・利用

　NZシナリオにおいては、風力、原子力発電の設備容量が多いNZ-Techケースで2.3Mt/年の国内電解水素供給の可能性が示されている。すなわち国内の発電能力の余裕は、水素の自給を通じて脱炭素化の推進とエネルギーセキュリティーの向上に貢献できる[13]。電解水素の国産は、大量導入された再エネの変動を吸収する役割も担うと考えられるが、国内のどこで、いつ水素を作るのかという点について、モデルの空間・時間解像度の関係で計算結果から議論することには限界がある。

　国内における水素製造の具体的な形態としては、オンサイトで需給を完結させる地産地消形態が考え得る。水素は、輸送にコストがかかるため、地産地消形態はこの欠点を補うことができる。水素基本戦略においても内陸部などで地産地消型の水素利活用モデルが有望であるとされている。この地産地消的な水素利活用は公的支援によるもののほか企業が自主的・実験的に構築するものもあり、日本全国に広がりつつある。また、世界的にもRegional Clean Hydrogen Hub[55]やHydrogen Valley[56]と呼ばれている。

(6) 制度面の整備

　従来、我が国の水素関連法規（高圧ガス保安法、消防法など）は、エネルギーとしての水素利用を想定していない面があった。エネルギーとして

水素を利活用するために水素保安戦略の策定が進められており、2050年に向けてサプライチェーン全体をカバーした保安規制体系が構築される見込みである。

　水素は、多様な原料から作ることができることが特徴であり、炭素集約度（CI）を評価指標とした水素の分類を国際標準とする動きがでてきている。[57]2050年CN実現を目指して導入に求められる速度や供給可能量・コストを考えると、化石資源とCCSを組み合わせて製造する水素を劣ったものとして排除する理由はなく、早期から水素エネルギーに目をつけてきた優位性を失わないよう、日本は国際的なルールメイキングにも積極的に関与するべきである。

3.5 電力システム

3.5.1 電力システムの現状

(1) 導入量が拡大する再エネへの対応

　導入が進む再エネに対する取り組みのひとつとして、EUで先行しているコネクト＆マネージ（系統制約への対応として混雑時の出力制御など、一定の条件を課すことで再エネの接続を認める仕組み）の考え方を参考にした日本版コネクト＆マネージが進められている。本取り組みは、表3-3に示す①想定潮流の合理化、②ノンファーム型接続、③N-1電制の3つの手法で構成される。

　また、一般送配電事業者は、導入が進むVREに対し系統の周波数を維持し安定供給を実現する必要がある。2021年4月より一般送配電事業者間でのエリアを超えた広域的な調整力の調達・運用と、市場原理による競争活性化・透明化による調整力コスト効率化を図るため、需給調整市場が段階的に開設され、一部の取引が開始された。

　一方、再エネ発電量が増加し、火力、揚水などの調整力を用いても需給

表 3-3　日本版コネクト&マネージの概要と進捗

取り組み	従来の運用	見直しの方向性	実施状況
①空き容量の算定条件の見直し(想定潮流の合理化)	全電源フル稼働の想定	実態に近い想定(再エネは最大実績値)	• 2018年4月から実施 • 約590万kWの空き容量拡大を確認(最上位電圧の変電所で評価)
②ノンファーム型接続	従来はファーム接続	一定の条件(系統混雑時の制御)により、再エネの新規接続を許容	• 2021年1月に空き容量の無い基幹系統に適用 • 2021年4月に東京電力PGエリアの一部ローカル系統に試行適用 • 全国でノンファーム型接続による約4500万kWの接続検討、約460万kWの契約申込を受付(2022年8月末時点)
③緊急時用の枠の活用(N-1電制)	2回線送電の内、設備容量の半分程度(緊急時用に容量を確保)	事故時に瞬時遮断する装置の設置により、緊急時用の枠を活用し、再エネの新規接続を許容	• 2018年10月から一部実施 • 約4040万kWの接続可能容量を確認(最上位電圧の変電所で評価) • 全国で約650万kWの接続(2021年11月時点)

※文献[58]に基づく

バランスの維持が難しい場合には、再エネの出力制御が実施される。

(2) 電力システム改革の進展

　日本の電力システムは、2020年4月に電力会社の送配電部門が法的分離された。また、中立的な送配電ネットワークの構築と広域的な電力供給を進めるべく、2015年に創設された電力広域的運営推進機関(OCCTO)により、地域間連系線・周波数変換設備の増強や需給ひっ迫時の地域間融通などが進んできた。

　再エネに関連した動向として2020年10月、政府は2050年までに

GHGの排出を全体としてゼロにする、CNを目指すことを宣言した。それに対応するように、2021年に策定された第6次エネルギー基本計画は再エネ導入の目標値が既存の22 〜 24%から36 〜 38%へ大幅に引き上げられた。再エネ導入拡大により調整力不足や、それに伴う電気料金の高騰、電力品質の維持など、いくつかの課題が顕在化してきており、それらへの対応が求められている。

3.5.2 シナリオの前提条件と再エネ大量導入における 技術的課題

(1) シナリオの前提条件

　TIMES-Japanは、日本全体のエネルギー需給を分析するモデルであり、発電所や送電線の概念はなく、需給運用の条件や系統制約についても考慮されていない。夏季・冬季・中間期の昼および夜を対象とした基本的な変動のみが考慮されている。そのため、VREの出力変動やその変動を抑制するための蓄電池および揚水発電所の運用は、十分には考慮されていない。

　以降、本節では、TIMES-JapanとOCCTOマスタープランとの比較を記載したあと、一般論として再エネ大量導入における技術的課題を示す。

【OCCTOマスタープランとの比較】

　OCCTOは2023年3月に、2050年CN実現を見据えた将来の広域連系系統の具体的な絵姿として、広域連系系統のマスタープランを公表した。[59] それによると、再エネ導入量の前提条件を太陽光260GW、風力86GW（陸上41GW＋洋上45GW）と設定し、それらを考慮した電力系統の増強プランを示した。

　TIMES-Japanの前提条件は、太陽光300GW、風力100GWまたは130GW（陸上＋洋上）と、OCCTOよりも高い導入量を設定している。

表 3-4　再エネ導入量 前提条件の比較

	OCCTOマスタープラン	TIMES-Japan
太陽光	260GW	300GW
風力	86GW(陸上41GW洋上45GW)	100GW(基準) 130GW(高位)

(2) 再エネ大量導入における技術的課題

　再エネ大量導入に伴い、電力システムには以下の①～③に示す3つの技術的な課題がある。これらの課題について、シナリオ分析では制約条件に含めていないが、重要な要素であるため、以下にその説明をする。

①送電容量不足

　再エネポテンシャルの大きい地域（北海道など）と大規模需要地（東京都など）が離れている場合、再エネ電力は一般送配電事業者の送電線を経由し需要地まで送電する必要があるが、両者を結ぶ送電線の送電容量が不足した場合には、再エネの出力制御が必要になるなど、シナリオが示す再エネの発電量が得られない可能性がある。

②調整力不足

　太陽光・風力などのVREは、自然条件によって出力変動するため、需給を一致させる調整力が必要である。調整力が確保できないと再エネの出力制御が必要になるなど、シナリオが示す再エネの発電量が得られない。

③慣性力不足

　従来の再エネを中心としたインバーター電源は慣性力を有していないため、その割合が増加すると、系統の慣性力が低下し、突発的な事故の際に、系統の安定性を維持できない可能性がある。そのために、一定量の同期電源の維持、同期調相機の設置、インバーター電源に疑似慣性機能を導入す

るなどの対策が必要となる。

3.5.3 電力システムの技術展望

　VREをシナリオ分析におけるNZ-Baseケースの2030年程度またはそ
れ以上に普及させると、天候などの自然条件により発電電力が電力需要に
対して適切に追従できない。そのため、必要な電力を安定的に供給してい
くためには、さまざまな方策が必要となる。実現に向けた課題はあるもの
の、再エネ導入拡大を目指した2050年の電力ネットワークのイメージを
図3-7に示す。

　再エネの適地と大規模需要地の間を結ぶ送電網の整備が進められ、発電
側または送電側に大容量の蓄電池が設置される。需要の電化が進むととも
に、送電網の整備と並行して、中・小規模の都市においては、エネルギー
の地産地消化や、オフグリッド地域が増加する。また、電力需給運用の効
率化のため、電力需給に関する予測・計画や、電力の需要と供給の監視・
制御を行うシステム（EMS）の導入が進み、需給構造の最適化が進んでい
くことが想定される。

図3-7　2050年の電力需給システムイメージ

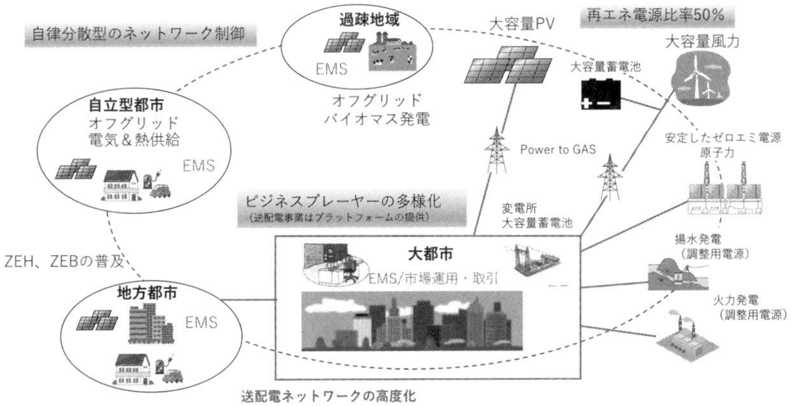

(1) 送配電系統の整備

　従来の電力系統は、大規模発電所と都市部などの需要地を結ぶ形で、設備が形成されてきた。一方、再エネは、風況や日射などの自然条件や立地面の制約により、都市部や既存発電所から離れた場所に設置される可能性が高い。このような地域間の偏在に対応するためには、基幹送電線の送電容量の増加、新規送電線の建設、電力会社間の連系線の増強などを進め、既存の系統を含めた一層の有効活用を進める必要がある。このような点を含め再エネの大量導入時代に対応する系統計画および運用技術が求められる。

(2) 電力化社会の発展と需要側エネルギーリソースの活用

　需要は、産業部門や運輸部門も含め可能な限り電化が進むと考えられる。モノのインターネット（IoT）技術の進化とコスト低減により、再エネを含めた多様な電源設備、ネットワーク設備、需要家設備の状態監視・制御が可能となり、電力ネットワークのスマート化が進み、電力品質の確保が図られる。電力需給システムの機能は多様化し、顧客への電力供給と共に電力取引のプラットフォームを提供する事業もコアとなっている。需要家の電力需要を束ねて効果的にエネルギーマネジメントサービスを提供するアグリゲータビジネスも活発化すると考えられる。

(3) 需要側の対策

　再エネ導入拡大に関しては、VREの特性上、時間帯別の需給バランスが崩れやすいことが問題となる。この対策としては、調整力が重要となる。現状火力で調整しているが、耐用年数超過による廃止が進み、新増設は進んでいない。

　一方で、再エネ電源の近傍に水素製造やDACといった需要を誘導し、電源と需要の立地を最適化することで、系統制約の軽減あるいは系統増強

費用の抑制効果も期待できる。これらの効果は、再エネの効率的活用、導入を後押しするものであり、エネルギーの地産地消は、CNにつながる取り組みでもある。

3.6 産業・運輸・民生における技術展望

　図3-8および図3-9にそれぞれ2015年とNZ-Baseケースにおける2050年のエネルギーフロー図を示す。図は左側が一次エネルギー、中間部分にエネルギー転換工程、右側が需要を示す。

　2015年の一次エネルギーは、海外から輸入した石炭、石油、天然ガスといった化石燃料にほとんど依存している。需要についても産業は石炭や石油を多く利用しており、運輸についてもほとんどが石油を利用している。

図3-8　2015年のエネルギーフロー（単位：PJ）

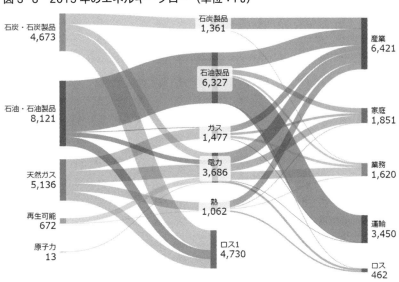

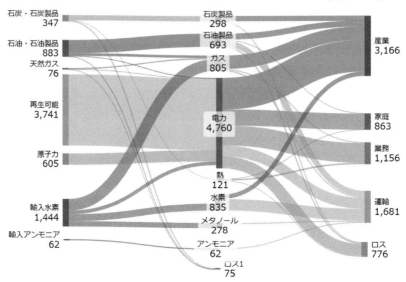

図3-9　NZ-Baseケースにおける2050年のエネルギーフロー（単位：PJ）

CNを目指すにあたっては、これらの一次エネルギーで調達している化石燃料の転換が重要である。

　CNを達成した2050年になると、その様子は大きく異なり、一次エネルギーは再エネが支配的で、次いで輸入水素が多くなっている。一次エネルギーを転換した二次エネルギーはほとんどが電力となっている。水素などのCN燃料や、わずかに残る化石燃料が産業部門や運輸部門の一部のエネルギーとして使われている。

　現時点において全体の約半分を占めるエネルギー転換部門のCO₂排出量は、石炭火力発電所の段階的廃止や、前述の太陽光・風力発電所の導入促進によって大幅な低減が見込まれている。一方で、産業部門や運輸部門のCO₂排出量は、2040年を超えても徐々に減少し、ネットゼロを達成するための最後の課題となっている。

　以降、産業、運輸および民生部門の取り組みについて解説する。

3.6.1 産業部門

　産業部門については、鉄鋼、化学、セメントといった、高温かつ大規模な熱需要があるため、化石燃料依存度の低減が比較的困難である。シナリオ分析においては、2050年のCO$_2$排出量の大部分が産業部門となっている。

　鉄鋼業界においては、CNの実現に向け、高炉法での水素還元、電炉法の利用拡大およびグリーンな鉄源確保のための直接水素還元技術の拡大を進めていくこととしている[60]。プロセスを転換するにあたって技術開発や実証が重要であるが、高炉法での直接還元製鉄においても水素が用いられている。また、高炉法においては、発生するCO$_2$を回収・利用するカーボンリサイクルも行われることになる。

　化学産業の取り組みとして、廃プラスチックや廃タイヤを原料として多様なリサイクル方法が想定されている[61]。これまでは、廃プラスチックをエネルギー源として焼却時に熱回収するサーマルリサイクルが行われていたが、石油由来のプラスチックからのCO$_2$排出を抑制するためには単純な燃焼ではなく、プラスチック材料として素材や製品にリサイクルするマテリアルリサイクルや、分解してプラスチック原料にリサイクルするケミカルリサイクルを実施する必要があり、欧米を中心に実証が進められている。

　コンクリート・セメント産業は、建築物や橋梁など社会・防災インフラに必須となる基礎素材であるため、産業活動を維持しつつ、CNを実現させることが重要である。世界の主要メーカーが2050年までにコンクリート由来のCO$_2$排出をネットゼロにすることを表明している[62]。

3.6.2 運輸部門

　運輸部門からのCO$_2$排出量は2021年度において日本全体の17.4％を占め、その内訳は大まかには自家用自動車からが44％、トラックなどの貨

物車からが23%、バス、タクシーおよび二輪車からが2.7%、その他鉄道、海運および航空が13%である。[63]

(1) 乗用車

乗用車については、走行時にCO_2を排出しないEVおよびFCVとも既に市場化されてきており、これまで積極的な導入・普及策が進められてきた。

日本では、2021年1月の総理大臣施政方針演説[64]において、「2035年までに新車販売で電動車100%を実現する」ことを宣言した（ここでいう電動車には、ハイブリッド自動車＜HEV＞やプラグインハイブリッド自動車＜PHV＞が含まれる）。

このように発電部門の低炭素化とEVの普及およびe-fuelのようなCN燃料の導入が進むことにより、乗用車からのCO_2排出が2050年には、ほぼゼロになることが期待されている。この実現のためには、蓄電池の低コスト化、充電インフラの整備、e-fuelの開発が当面の課題となる。さらに、EVが普及すると、需要側に大量の蓄電池が設置されることになることから、再エネの出力変動の調整力としても期待ができる。

FCVについても既に実用化はされており、将来の候補のひとつとなっている。2.4.2において説明したように、シナリオ分析の結果においては、トラックなどの大型車のエネルギーは水素がメインとなる。FCVについては、水素ステーションなどの水素インフラとセットで普及が進める必要があるため、水素サプライチェーン構築と同様に需要供給一体となった普及政策が必要となる。

(2) 貨物車、航空機、船舶

貨物車、航空機、船舶といった長距離輸送手段において利用されるエネルギーについては、現状の蓄電池ではエネルギー密度が不十分であり、一般的には代替燃料として水素、バイオ燃料、合成燃料、SAFなどが想定さ

れている。

　シナリオ分析の結果においては、これら長距離輸送のエネルギーは従来のジェット燃料が使われたり、水素や合成燃料によって一部代替されている程度であるため、さらなる検討が必要である。

　e-fuelやSAFの製造技術については、NEDOのグリーンイノベーション基金においても開発が進められているが[65]、貨物車、航空機、船舶の低炭素化については、現時点での明確な方針はなく、技術選択の不確実性が大きい分野となっている。2030年ごろまでは効率を高めつつ化石燃料やバイオ燃料を継続利用するであろうが、その先の在り方については世界的な動向も踏まえ、今後も議論が必要である。

3.6.3 民生部門

　民生部門における現在の主要な化石燃料用途は、暖房、給湯、厨房である。暖房と給湯については、低炭素電源によるヒートポンプで代替することで、エネルギー効率の改善とCO_2排出量の大幅な削減が期待される。建物側の工夫（断熱、採光など）により、熱需要を抑えることも重要である。

　一方で、現状の建物の築年数を考えると、将来的にも既設の住宅・建築物は残存し続けると考えられることから、個々の省エネルギー技術の高効率化（化石燃料の消費量の削減）はもちろん、改修技術や設計・施工法に合わせた空調や照明の運用・制御技術の最適化を図っていく必要がある。

3.6.4 カーボンニュートラルに向けた新規需要

　これまで述べてきた産業・運輸・民生部門におけるエネルギー需要以外に、2050年に向けて新たなエネルギー需要も増えてくると考えられる。

　エネルギー転換部門では、従来火力発電におけるエネルギー変換ロスがあったが、VREの導入量が増えることによって余剰電力が発生し、3.1.4

において解説したように、エネルギーの貯蔵が必要となる。この際、エネルギーの貯蔵と取り出し時にはロスが発生する。また、余剰電力は、水電解装置における水素製造への利用も検討されている。

これ以外にも、3.3.3で述べられているようなCCSや大気中のCO_2を直接回収するDACCSのようなNETsにもエネルギーの投入が必要となる。

4 中長期ビジョンのあとがきにかえて

　本ビジョンは、エネ総研の「エネルギーの未来を拓くのは技術である」という理念のもと、CNという世界共通の長期目標に対し、近年のCO_2排出削減技術の進展を踏まえて、中長期エネルギー技術展望の検討を行ったものである。

　エネ総研が保有するエネルギーモデル（TIMES-Japan）を用い、2050年のCN社会の実現を条件に、バックキャストで現在および近未来を見つめ、技術導入の方向性を検証するとともに、それらの検証結果に対し、各エネルギー技術分野の専門家であるエネ総研の研究員が実態から想定される、フォアキャストの手法で各技術の課題と展望を述べた。

　CNという野心的な目標の達成に向けて、さまざまなCO_2削減への対応技術が考えられ、本ビジョンでもその展望を述べているが、どの技術も導入・普及は簡単ではなく、技術オプションとして捨てられないものであることがわかる。

　エネ総研では、本ビジョンで整理した技術課題について、調査研究などを着実に実施していくとともに、それを通じて国や民間などへの提言・提案、情報発信などの取り組みを行っていく所存である。

〈参考文献〉

［1］（一財）エネルギー総合工学研究所，図解でわかるカーボンニュートラル，（2021）
［2］　IEA-ETSAP, Technology Collaboration Programme, https://iea-etsap.org/index.php/ etsap-tools/model-generators/markal/
［3］　資源エネルギー庁，第 6 次エネルギー基本計画，(2021)
［4］　Sugiyama M, Fujimori S, Wada K, Oshiro K, Kato E, Komiyama R　et al ; EMF 35 JMIP study for Japan's long-term climate　and energy policy: scenario designs and key findings. Sustain Sci. (2021).
［5］　IEA, World Energy Outlook, (2021)
［6］　松川洋，大東威司，山谷東樹，荻本和彦；太陽光発電の導入量の検討，第 36 回エネルギー・資源学会研究発表会，161-164 (2017)
［7］　斉藤哲夫，占部千由，荻本和彦；風力発電の導入量推定（その 2），第 36 回エネルギー・資源学会研究発表会，165-168（2017）
［8］　洋上風力の産業競争力強化に向けた官民協議会第 1 回会合資料 4-1 日本風力発電協会 2020 年 7 月 17 日
［9］　Shiraki H, Sugiyama M, Matsuo Y, Komiyama R, Fujimori S, Kato E, Oshiro K, Silva DH (2021) The role of renewables in the Japanese power sector: implications from the EMF35 JMIP. Sustain Sci.
［10］　Kinoshita T, Ohki T, Yamagata Y (2010) Woody biomass supply　potential for thermal power plants in Japan. Appl Energy　87:2923?2927.
［11］　Kato E, Yamagata Y (2014) BECCS capability of dedicated energy　crops under a future land-use scenario targeting net negative　carbon emissions. Earth's Future 2:421-439.
［12］　農林水産省，第 3 次バイオマス活用推進基本計画 (2022)
［13］　E. Kato, A. Kurosawa, Role of negative emissions technologies (NETs) and innovative technologies in transition of Japan's energy systems toward net-zero CO_2emissions. Sustain Sci 16, 463?475, 2021, https://doi.org/10.1007/s11625-021-00908-z.
［14］　CCS 長期ロードマップ検討会 https://www.meti.go.jp/shingikai/energy_environment/ccs_choki_roadmap/20230310_report.html
［15］　Kato E, Kurosawa A (2019) Evaluation of Japanese energy system　toward 2050 with TIMES-Japan ? deep decarbonization pathways.　Energy Procedia 158:4141?4146.
［16］　Otto A, Robinius M, Grube T, Schiebahn S, Praktiknjo A., Stolten D (2017) Power-to-Steel: Reducing CO_2through the integration of renewable energy and hydrogen into the German steel industry. Energies 10: 451.
［17］　de Jong MMJ, Daemen J, Loriaux JM, Steinmann ZJN (2019) Life cycle carbon efficiency of direct air capture systems with strong hydroxide sorbents. Int J Greenhouse Gas Control 80:25-31.
［18］　Keith DW, Holmes G, Angelo DS, Heidel K (2018) A process for　capturing CO_2　from the atmosphere. Joule 2:1573-1594.
［19］　再生可能エネルギー・水素等関係閣僚会議，水素基本戦略（2023/6/6），https://www.meti.go.jp/shingikai/enecho/shoene_shinene/suiso_seisaku/ pdf/20230606_2.pdf
［20］　A. Kiani, M. Lejeune, C. Li, J. Patel, P. Feron, Liquefied synthetic methane from ambient $CO_2$and renewable H_2 - A technoeconomic study, Journal of Natural Gas Science and Engineering, 2021, 104079,
［21］　Davis SJ, Lewis NS, Shaner M, Aggarwal S, Arent D, Azevdo IL et al (2018) Net-zero emissions energy systems. Science 360:eaas9793.

[22] Sugiyama M, Fujimori S, Wada K, Endo S, Fujii Y, Komiyama R et al (2019) Japan's long-term climate mitigation policy: multi-model assessment and sectoral challenges. Energy 167:1120-1131.

[23] 資源エネルギー庁，今後の再生可能エネルギー政策について，(2023), https://www.meti.go.jp/shingikai/enecho/denryoku_gas/saisei_kano/pdf/052_01_00.pdf

[24] NEDO Web Magazine、世界一のモジュール変換効率40％超を目指す、太陽電池開発中、https://webmagazine.nedo.go.jp/practical-realization/articles/201111sharp/#

[25] IRENA, "Renewable Power Generation Costs in 2022", (2023). https://www.irena.org/Publications/2023/Aug/Renewable-Power-Generation-Costs-in-2022

[26] 科学技術振興機構，ペロブスカイト型太陽電池の開発，(2017), https://www.jst.go.jp/seika/bt107-108.html

[27] 日本風力発電協会、2021年末日本の風力発電の累積導入量：458.1万kW、2574基、(2022)、https://jwpa.jp/information/6225/

[28] 資源エネルギー庁、洋上風力政策について、(2022)、chrome-extension://efaidnbmnnnibpcajpcglclefindmkaj/https://www8.cao.go.jp/ocean/policies/energy/pdf/shiryou2.pdf

[29] 国立研究開発法人新エネルギー・産業技術総合開発機構（NEDO）ニュースリリース「圧縮空気エネルギー貯蔵（CAES）システムの実証試験を開始」(2017) https://www.nedo.go.jp/news/press/AA5_100756.html

[30] 資源エネルギー庁，2050年カーボンニュートラルの実現に向けた検討（2020/12/21）https://www.enecho.meti.go.jp/committee/council/basic_policy_subcommittee/035/035_004.pdf

[31] 原子力規制委員会，実用発電用原子炉に係る新規制基準について －概要－，https://www.nra.go.jp/data/000070101.pdf

[32] 原子力発電環境整備機構，寿都町・神恵内村の文献調査の現状，2022.11.29，https://www.meti.go.jp/shingikai/enecho/denryoku_gas/genshiryoku/chiso_shobun/pdf/021_04_00.pdf

[33] 経済産業省，「GX実現に向けた基本方針」が閣議決定されました, https://www.meti.go.jp/press/2022/02/20230210002/20230210002.html

[34] 経済産業省，"カーボンリサイクルロードマップ", 2023.6.23.

[35] 資源エネルギー庁，"2030年度におけるエネルギー需給の見通し（関連資料）", 2021.10.

[36] 各府省庁連携，"2050年カーボンニュートラルに伴うグリーン成長戦略", 2021.6.18.

[37] 資源エネルギー庁，"CCS長期ロードマップ検討会最終とりまとめ", 2023.3.

[38] 酒井奨，"カーボンリサイクル技術とそのCO2削減効果について", 季報エネルギー総合工学，Vol.42, No.3, pp.30-42 (2019).

[39] NEDOホームページ，"世界初、低温・低圧の液化CO2大量輸送に向けた実証試験船「えくすくぅる」が完成", 2023.11.28, https://www.nedo.go.jp/news/press/AA5_101705.html

[40] 島野恭史，毛利拓治，古賀大晃，"2050年カーボンニュートラルへの貢献 ～国内CCS実施に向けた地下評価技術の課題に対するJOGMECの挑戦～", 石油・天然ガスレビュー，Vol.571, No.1, pp.1-8 (2023.1).

[41] JOGMEC, "CCS事業実施のための推奨作業指針（CCSガイドライン）初版", 2022.5.

[42] 経済産業省，"CCS事業法（仮称）の在り方について", CCS長期ロードマップ検討会，最終とりまとめ別冊, 2023.3.10.

[43] 小野﨑正樹，橋﨑克雄，"カーボンニュートラルのための地政学～エネルギーセキュリティーの国際比較と日本への提言", 季報エネルギー総合工学，Vol.45, No.2, pp.34-48 (2022).

[44] 資源エネルギー庁，水素を取り巻く国内外情勢と水素政策の現状について（2022/6/23），https://www.meti.go.jp/shingikai/sankoshin/green_innovation/energy_structure/pdf/009_04_00.pdf.

[45] European Commission - Press release, REPowerEU: A plan to rapidly reduce dependence on Russian fossil fuels and fast forward the green transition, 18 May 2022.

[46] US DOE, Hydrogen Shot, https://www.energy.gov/eere/fuelcells/hydrogen-shot

[47] 経済産業省, 経済産業省関係令和 4 年度補正予算・令和 5 年度当初予算のポイント（2023 年 3 月 28 日）, https://www.meti.go.jp/main/yosan/yosan_fy2023/pdf/01.pdf.

[48] NEDO, 燃料電池・水素 | NEDO, https://www.nedo.go.jp/activities/introduction8_01_05.html.

[49] 環境省, 脱炭素化支援事業 事業概要（合本版）令和 4 年度補正予算／令和 5 年度予算, https://www.env.go.jp/earth/earth/ondanka/enetoku/pamphlet/pdf/2023/enetoku_jigyo_gaiyo_2023.pdf.

[50] 国土交通省総合政策局環境政策課, 国土交通省における環境政策の動向・取組等について（2023 年 5 月 24 日）, https://www.mlit.go.jp/policy/shingikai/content/001612090.pdf.

[51] 文部科学省, 令和 5 年度　文部科学省概算要求のポイント（科学技術関係）, https://www.mext.go.jp/content/20220829-mxt_kouhou02-000024712_8-1.pdf.

[52] 経済産業省　第 11 回 CO_2 フリー水素 WG 資料（2017 年 12 月 27 日）

[53] 三井物産, クリーンアンモニア製造事業, https://www.mitsui.com/solution/solutions/lowc-fuel/clean-ammonia

[54] 水野有智, 過去の LNG 国内導入経緯に基づく、水素エネルギー導入のシナリオ分析, エネルギー総合工学研究所 第 357 回月例研究会, 2016 年 6 月 24 日.

[55] US DOE, Regional Clean Hydrogen Hubs, https://www.energy.gov/oced/regional-clean-hydrogen-hubs.

[56] Clean Hydrogen Partnership, H2 Valley Map | H2Valleys, https://h2v.eu/hydrogen-valleys.

[57] 資源エネルギー庁, 中間整理以降の水素・アンモニア関連政策の動向,（2023/5/17）https://www.meti.go.jp/shingikai/enecho/shoene_shinene/suiso_seisaku/pdf/008_01_00.pdf.

[58] 資源エネルギー庁　第 56 回総合資源エネルギー調査会電力・ガス事業分科会電力・ガス基本政策小委員会　資料4-2

[59] 電力広域的運営推進機関　広域系統長期方針（広域連系系統のマスタープラン）＜別冊（資料編）＞

[60] 経済産業省製造産業局, 鉄鋼業のカーボンニュートラルに向けた国内外の動向等について（2022/9/12）https://www.meti.go.jp/shingikai/sankoshin/green_innovation/energy_structure/pdf/010_04_00.pdf

[61] 経済産業省製造産業局, 化学産業のカーボンニュートラルに向けた国内外の動向（2023/1/25）https://www.meti.go.jp/shingikai/sankoshin/green_innovation/energy_structure/pdf/013_04_00.pdf

[62] 経済産業省製造産業局、資源エネルギー庁, コンクリート・セメントのカーボンニュートラルに向けた国内外の動向等について（2022/11/2）https://www.meti.go.jp/shingikai/sankoshin/green_innovation/energy_structure/pdf/011_04_00.pdf

[63] 国土交通省, 運輸部門における二酸化炭素排出量, https://www.mlit.go.jp/sogoseisaku/environment/sosei_environment_tk_000007.html

[64] 首相官邸, 第二百四回国会における菅内閣総理大臣施政方針演説,（2021）

[65] 資源エネルギー庁,「持続可能な航空燃料（SAF）の導入促進に向けた官民協議会」について,（2022/4）https://www.mlit.go.jp/koku/content/001479321.pdf

〈脚注〉

1 持続可能な未来のための日本モデル相互比較プラットフォーム Japan Model Intercomparison Platform (JMIP) for Sustainable Futures は、モデルに基づくシナリオや関連分析の議論を促す、信頼性、透明性のある場を意図して設立された。モデル研究者同士の情報交換、モデル研究者と政策立案者・ステークホルダーとの対話を促進し、また海外の研究者やステークホルダーとのネットワークを構築している。

2 LCOE:Levelized Cost Of Electricity の略。発電量あたりのコストを意味し、均等化発電原価ともいわれる。資本費、運転維持費、燃料費など発電に必要なコストを合計して、運転期間中の想定発電量を基に算出する。

3 一般に水素は、化石燃料などの改質あるいは電気分解によって製造されるエネルギーキャリアとして二次エネルギーに分類されるが、ここでは、エネルギーバランス表の定義に従って輸入石油製品などと同様に輸入水素および輸入アンモニアは一次エネルギーとしてカウントする。本分析では、メタノールなどその他の合成燃料の輸入は想定していない。

4 1US$=135 円とすると 12.4 円 /kWh。

5 2. のシナリオ分析では SAF のうち、CO_2 を原料とした合成燃料は考慮されているが、バイオマスを直接転換した燃料は技術開発途上であり考慮に入れていない。ジェット燃料や重油（船舶）は、水素、アンモニア、メタノール、e-methane などに置き換わると予想されているが、全量は置き換わらない。

6 46% 削減については、正確には GHG を対象にしているが、GHG の大部分は CO_2 で占められており、ここでの議論を単純化するため、CO_2 排出量の削減とすり替えて目標として記載した。

7 水素導入による CO_2 削減量は、ガス火力発電の代替燃料として使用した場合を想定し、LNG の削減量から算出した。アンモニアも石炭火力の代替燃料として使用した場合を想定し、石炭の削減量から算出した。

8 端数処理の関係で合算値が合わないところがある。

9 本分析で使用した TIMES-Japan では、輸入水素は一次エネルギー源として取り扱われている。

10 2021 年度末の FCV 普及台数が約 7000 台、燃費が 105km/kg-H₂、1 台あたり 9000km/年走行するとして推定。

11 カーボンニュートラル LNG とは、カーボンオフセットされた LNG であり、実質的には海外での CCS 貯留に等しい。

12 $1m^3$ の水素エネルギーキャリアに何 kg の水素が含まれるかを示し、車両や船舶など一定容積の容器に入れて輸送する際の輸送効率に相当する。温度圧力などの条件はキャリアにより異なる。

13 エネルギー安全保障に関する経済的な効果は必ずしも内部経済化されておらず、このような定性的な表現となる。エネルギーセキュリティーに対するより詳細な評価は今後の検討課題であろう。

第2部

トランジションへの提言

1

次世代電力システム

カーボンニュートラル(CN)に向けた
次世代電力システムの構築

東京大学名誉教授
横山明彦

1.1 電力システムを取り巻く環境の変化

　電力システムは、20世紀の100年間にわたって経済の成長に伴う電力需要の拡大と共に成長を続けてきた。我が国の電力システムは、電気事業の黎明期はエジソンの直流発電機を用いた直流送電を採用したが、すぐに交流発電機を海外から輸入し、3相交流送電に替わり、面的に系統規模、つまりkWの発送電設備とkWhの電力需要を拡大し続けてきた。21世紀に入り、電力自由化の世界の潮流に沿って我が国も電力自由化に舵を切り始めたが、2011年3月11日の東日本大震災に伴う津波による福島第一原子力発電所の事故により、大きく電力システムは変わることになった。

　これまでも CO_2 削減のために太陽光発電や風力発電などの自然変動電源は導入されていたが、2012年以降、再エネの固定価格買取制度（FIT制度）によりこれらの自然変動電源が大量に導入されるようになった（De-centralization：分散化）。そして、これらを含めた多様な電源を活用し、我が国全体で電力システムの広域的な運用を行うことにより安定供給を図り、需要家の選択肢や事業者の事業機会の拡大を図るとともに、競争を促進することにより電気料金を最大限に抑制するという目的で電力システムの全面自由化（Deregulation：規制緩和・自由化）が行われた。一方、人口の減少（Depopulation：人口減少）、分布の偏在化が進み、加えて節電意識の高まりで電力需要は減少しており、これまでのように電力システムが成長し続けることに疑問が持たれることになった。また、昨今の世界のデジタル化の流れのなかで、電力システムも一層のデジタル化でエネルギーと情報技術（IT）の融合による電気の価値創出、設備コストの削減、業務効率の向上などを図ること（Digitalization：デジタル化）が求められるようになってきた。そして2020年に、2050年に向けたカーボンニュートラル宣言（De-carbonization：脱炭素化）が出され、これまでの低炭素化から脱炭素化に大きく舵を切ったのである。

　また、これまで述べた5つのDで始まる言葉で表される電力システムを取り巻く環境変化に加えて、最近では、1960年代以降に高度成長に合わせて大量に建設された電力設備の高経年化（Degradation due to aging）に対して経済合理的に設備の更新を行うことや、自然災害の激甚化、広域化（Devastating Natural Disaster）によりレジリエントな電力システムを構築することが求められている。さまざまな需要家も自ら発電者（プロシューマー）になりP2P（Peer-to-Peer：需要家対需要家）の電力取引に参加する（Democratization：電力取引の民主化）ことも考慮する必要があり、合わせて8つのDで始まる言葉で表される環境変化に対応するように、現在の電力システムは質的に大きく進化する必要に迫られている。

1.2 制度面の変化

　2011年の福島第一原子力発電所事故以降、急速に電力システムの自由化が進展し、小売り事業の全面自由化、発送電の法的分離がなされたところである。ここでは、さまざまな電気の価値を市場で取引することにより、事業者の事業機会を拡大させ経済性を向上させようとしている。実際に発電された電気のエネルギー（kWh）は卸電力市場、将来の発電能力（kW）は容量市場、需要と供給の短期的アンバランスを調整する能力（ΔkW）は調整力市場、非化石電源で発電された電気に付随する環境価値は非化石価値取引市場で取引される。調整力市場の一部の商品は既に取引されているが、すべての商品は2024年4月から取引される。

　限界費用がゼロ円の太陽光発電や風力発電の再エネ電源の大量導入により余剰電力が発生すると、調整力として必要な火力発電所以外の火力発電所が停止する。この余剰電力が発生し卸電力市場での電力価格が0.01円/kWhになる時間帯が増加すると、火力発電所を維持または新設するのが難しくなるので、将来の電源の確保が難しくなっている。そこで、現在の容量市場の電源オークションに加えて、将来のアンモニアや水素を利用し

た脱炭素電源を考慮した、長期間（20年間）にわたって固定費を回収できる長期脱炭素電源オークションが2024年1月からスタートすることになった。

これらの市場をうまく協調させて、電力システムの安定な運用を損なわずに経済性を向上させることが必要で、再エネ電源がますます増加する2050年カーボンニュートラルに向けて全体最適を目指す必要がある。現在、別々に運用されている卸電力市場と調整力市場を同時に運用、つまり各コマのエネルギー価値のkWhと調整力価値のΔkWの両方の最適値を同時に計算し、それに基づいて発電機を運用、電力システム全体の経済性の向上を図るという同時市場方式の検討を行っているところである。

自由化において規制が残っている送配電分野においては、託送料金制度に、総括原価法に替わってレベニューキャップ制度が導入された。各送配電会社は、5年間の規制期間の最初に事業計画、投資・費用の見通し、つまり「収入上限の見通し」を策定し、国の審査を経て承認を受けたうえで託送料金を設定する。そして、その後の5年間で効率化に取り組み、利益が出たときは、その半分を次の規制期間に持ち越し、残りの半分を託送料金の低減に用いるという送配電会社に効率化インセンティブを与える制度である。送配電事業者には、電力システムの安定運用、再エネの導入拡大、サービスレベルの向上、広域化、デジタル化、レジリエンス向上、次世代化などの目標に対して適切に費用を盛り込み、効率化に取り組むことが期待される。

1.3 2030年以降の電力システムの 課題と対応

我が国の電力システムにおいて、2050年カーボンニュートラルに向けて大量の太陽光発電や風力発電が導入されると、発電と需要の間に極めて大きな空間的なミスマッチと時間的なミスマッチが生じる。この発電と需

要のミスマッチは、電力システムの周波数の変動を引き起こし、ひいては大規模停電につながる危険性がある。

1.3.1 需給の空間的ミスマッチ

我が国の今後の再エネ電源の増強の主役は洋上風力発電であり、その適地は北海道、東北地方と限られており、大消費地である首都圏とは大きく離れている。風力発電は昼間、夜間問わず発電するが、既に大量に導入された昼間にしか発電しない太陽光発電を加えて、これらの需要の少ない地方で昼間に大量の電力が余剰になることが問題となる。

この対策としては、これらの再生可能エネルギー電源からの電力を、送電網を最大限に活用して遠方の需要地に送電し、それでも余剰となる昼間の電力は、電気エネルギーのまま蓄電池に貯蔵したり、水素や新燃料に変換してタンクなどに貯蔵して夜間に余裕のある送電網で送電したり、パイプラインなどで輸送する仕組みが必要になる。このためには、貯蔵変換設備と需要地への送電網やパイプラインなど輸送設備の流通網を構築・整備する必要が生じる。これには、莫大な費用と時間がかかることはいうまでもない。

この貯蔵設備や輸送設備の建設コストを削減するために、再エネ電源の近くに新規の大規模需要、例えば、データセンターや物流センターを立地したり、既設の大規模需要を移動したりすることは経済的な意味で重要である。また、これらの大規模需要家の電力消費量を制御することにより、需要側にデマンドレスポンス容量、つまり周波数調整容量を確保することができ、電力システムの運用上も重要である。

1.3.2 需給の時間的ミスマッチ

大量の再エネ電源が導入されると、毎日の需要と発電の関係において

も、昼間に相当量の余剰電力の発生が見込まれる。もし天候が良好な場合、2050年の4月の需要の端境期においては、関東地方において昼間の12時ころに需要に対して約1.5倍の余剰電力が発生するとの試算もある。この試算では、大量の余剰電力は、太陽光発電と洋上風力発電によるものであり、これらを貯蔵するために、揚水発電の他に大量の蓄電池、蓄熱装置、そしてEVの蓄電池が利用される想定になっている。

　このように、再エネ電源が大量に導入されると、CO_2排出量を100％削減するためには、昼間の電力余剰時に再エネ電源の出力を抑制するだけではなく、できるだけ余剰電力を貯蔵して別の時間帯、例えば、夜間などで消費することが必要となるのである。また、空間的ミスマッチのところで述べたのと同様に、昼間の限界費用がほとんどゼロ円の再エネを活用する新たな産業、例えば、EV、水素製造、合成燃料製造、メタネーションなどの産業の創出が重要となる。

1.3.3 系統安定性の悪化

　インバーターを介して系統連系する再エネが大量導入され、そのために回転体である同期発電機で発電している火力発電が減少していくと、系統内の火力発電所の回転体が持つ慣性力が減少する。突発的事故による周波数低下時には、回転体の持つ慣性力による瞬発的な電力供給が減少し、周波数の規定値への回復が難しくなるとともに、発電機間の同期化力が低下し同期安定性も低下する。再エネ電源の発電容量（kW）に占める再エネの割合が半分近くまで増加すると、図1-1の左に示すように、事故が発生した際には系統の同期安定性を維持することが難しくなるおそれがある。

　この対策としては、再エネや蓄電池の系統連系用インバーターを制御することによって疑似慣性力を系統に提供することや、廃止された火力発電所の同期機を、タービンを切り離して調相機にして慣性力を提供することなどが検討されている。

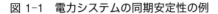

図 1-1 電力システムの同期安定性の例

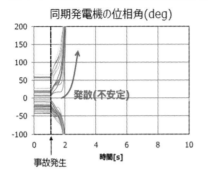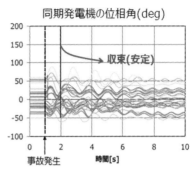

　再エネや蓄電池の系統連系用インバーターに疑似慣性力を持たせる場合には、慣性力低下により周波数維持や同期安定性の維持が難しくなってから新規のインバーターにこの対策を施すことは、既に時期が遅く効果がない。したがって、必要容量を見極め、事前に計画的に疑似慣性力を備えたインバーター連系の再エネ、蓄電池を導入していくことが重要である。

1.4 需要地系統での対応

　再エネが大量に導入されると、需要と発電のバランスが崩れて系統の周波数維持が難しくなることは既に述べた。1.3.2において、大容量のエネルギー貯蔵設備の有効性について述べたが、これらの大規模貯蔵設備のコストは高い。社会全体の経済性を考えると、需要家側に今後増えていくであろうEVの蓄電池やヒートポンプ給湯機の貯湯槽、太陽光発電併設蓄電池などの小容量のエネルギー貯蔵設備や需要家側が行う需要調整を、需要家の利便性を損なうことなく有効に利用することが重要となる。これは、需要家一軒あたりの調整容量が小さくてもその数が膨大なものとなるために、全体としては大きな調整容量を確保できると考えられるためである。また、配電系統に連系される需要家や事業者の小容量の太陽光発電そのも

のの細かな出力調整を行うことも再生可能エネルギーの有効利用の観点から必要である。

　これらの需要家側の調整資源は、欧州では「ローカルフレキシビリティ」と呼ばれており、共通プラットフォームを介して需要家の情報のやり取りを行うことによって適切に制御され、必要に応じて需要地系統内でも取引されることが考えられている。我が国では、6.6kVの配電系統と、その上位にある配電系統に電力を供給している66kVの送電系統を合わせて「需要地系統」と呼んでいる。その需要地系統に連系される多数のローカルフレキシビリティを活用して、新たなローカルコントールセンター（以下、

図 1-2　需要地系統でのローカルフレキシビリティの活用イメージ

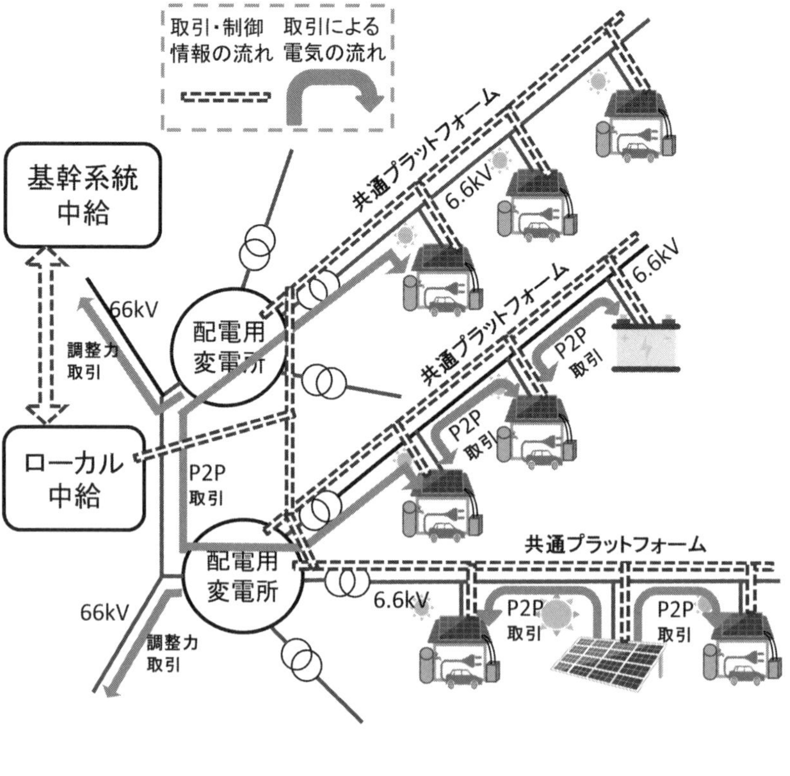

取引・制御
情報の流れ

ローカル中給）が、需要地系統の電力取引や混雑管理、電力品質管理など
の適切な制御を行い、基幹系統の需給制御と協調をとりながら全体最適を
目指すのである。ここで、需要地系統内の電力取引とは、需要地系統に連
系する太陽光発電や蓄電池の電力を需要地系統内の需要家が直接購入をす
るP2P電力取引のことであり、将来、大いに期待されている。そのイメ
ージ図を図1-2に示す。

　この共通プラットフォームについては、誰が構築・運営し、誰・何に対
して責任を持つのか、P2P市場において配電系統の実際の状態や送電空き
容量などを適切に考慮できるのか、需要地系統と基幹系統の間の干渉を適
切に管理できるのかなどさまざまな課題があるが、今後、世界中で導入さ
れていくであろう。

　配電系統においては、再エネなどの分散形電源と蓄電池を持つ小規模な
発電事業と小売事業の統合した、いわゆるマイクログリッドが経済性だけ
ではなく、自然災害対策などの視点から構築されてくるものと期待されて
いる。平常時は、需要地系統へローカルフレキシビリティを提供すること
により貢献し、緊急時には上位系統から独立して運用され、レジリエンス
を確保することができる。

1.5 基幹系統での対応

　1.3.1で述べたように、我が国の需給の空間的ミスマッチを解消するに
は、まずは大量の洋上風力発電の電力を遠方の大需要地に輸送し、リアル
タイムに消費する必要がある。例えば、北海道や東北地方の洋上に設置さ
れる大容量の洋上風力発電を考えてみると、これらの大電力を地元の北海
道や東北地方ですべて消費することは難しい。そこで、洋上風力発電から
の大電力を高電圧直流（HVDC）海底送電で陸地まで送電し、陸上の交流
系統を地域間の連系線も含めて増強して大需要地まで送電するのに加え、
HVDC海底送電によって直接、大需要地近傍まで長距離送電することに

なる。これには、10年以上の長期の建設期間と共に莫大な費用がかかり、特定の送電事業者では費用負担することが難しく、そのために全国の送配電事業者の負担と国の負担というスキームが必要となる。また、その費用が巨額であり、かつ再エネ電力の送電という設備利用率の低い設備であるために、費用対効果をしっかりと評価して計画を立てることが必要となる。このように、基幹系統の計画（「マスタープラン」と呼ばれる）は、従来の送配電事業者だけから国を含めた関連するステークホルダー全体によって立案されるという方向に転換している。

　基幹系統の運用面に関しては、現在、送配電事業者が全国の電力システム全体を見て需給運用を行う全国中央給電指令所（以下、全国中給）の構築を進めている。これにより広域的な経済運用、送電線の混雑管理、そして調整力などの広域調達が容易になり経済性がより向上することが期待される。また、1.2で述べたように、卸電力市場と調整力市場が別々に運用されているのを全国規模で同時に運用して、燃料費と調整力費用の合計を最小化しようとする、いわゆる「同時市場」と呼ばれる仕組みの検討も行われている。この同時市場はまさに全国中給によって実現される。これは、これまで発電事業者が相対取引や卸電力市場での取引により決まる取引量に対して自らの利益最大になるように発電機を運用していたのを、送配電事業者が発電機のすべての運用に関する情報を得て、全国中給において最適運用し、社会全体の利益を最大化する方向に転換することである。

　元来、基幹系統では、保護リレーシステムを中心にデジタル化が進んでいるが、これからは、変電所においても一層デジタル化が進むことが期待される。現状では、変電所に布設されるメタルケーブル数が膨大であるため、工事の負担が大きいことや、高度経済成長期に大量に設置された変電所設備の高経年化に伴う設備改修の増加などの課題があり、その施工力も人口減少により確保が難しくなっている。変電所において、電力設備自動化に関する国際規格のIEC 61850を適用してすべての情報をデジタル伝送するフルデジタル化によりメタルケーブルがなくなり、変電所に設置し

た多数のセンサからの情報を取得し活用することができるようになると、より高度なメンテナンス、いわゆるスマートメンテナンスや再エネなどの分散型電源の大量導入による課題を解決するための広域的な最適な系統監視制御が可能になる。

近年、送電線では空き容量不足が顕在化しており、単一設備故障時にも安定に電力を送電できるように平常時の運用容量を決定しているが、「N-1電制」と呼ばれる単一設備故障時に発電機出力を制限し、この平常時の運用容量を拡大する方式が適用されつつある。変電所をフルデジタル化することで最適に系統制御を行い、このN-1電制の適用を容易にすることができるので、再エネの系統連系をより増加させることができる。

1.6 おわりに

カーボンニュートラルに対応しなければならない次世代の電力システムでは、これまで述べてきたように、電源から送配電網そして需要家設備までの設備計画、運用、制御すべてにおいて協調をとり、全体最適を図らなければならない。今後進む需要家の電化や、新たな大容量のデータセンターや物流センターの建設、そして都市移転や産業移転などの既存需要家の大移動など国土計画の一部である電力需要の最適化も考慮しながら電力システムの全体最適化を考え、現在から将来にわたる社会厚生の最大化を図る必要がある。

この次世代電力システムを実現するためには、現在、電力システムに携わる国や機関、電気事業者は、与えられた役割をそれぞれ果たしているが、カーボンニュートラルに向けてますます複雑になる状況のなかで、その役割遂行において小さなずれが生じて大きなひずみとならないように全体を俯瞰して調整する機能、いわゆる司令塔が必要となる。産官学が一体となって、カーボンニュートラルに向けた最高のパフォーマンスを発揮する次世代電力システムが構築されることを期待したい。

2

水素戦略

我が国の水素社会へのトランジション戦略はいかにあるべきか

エネルギー総合工学研究所アドバイザリー・フェロー
坂田 興

2.1 はじめに

　我が国の水素社会に至る包括的な戦略は、「水素基本戦略」として2023年6月に閣議決定された。これは、水素社会実現に向けた世界最先端の戦略であり、国としての強い戦略意思を表現している（図2-1）[1]。特に2050年およびトランジション期の「水素導入目標」、「水素コスト目標」、「事業目標」、「投資計画（案）」、「我が国のコア技術」が明記されており、これ自身がトランジション戦略という側面を有する。

　しかしながら、現在から水素社会に至るトランジション期は、期間も長く不確定要素が多いため、水素基本戦略の有効性を高めるための「トランジション戦略」を構築することも有用であると考える。

　本稿では、トランジション戦略を考えるうえで有効と思われる4項目の「力点」を提示し、トランジション戦略は、いかにあるべきかに関する問題提起を試みる。

図 2-1　水素基本戦略

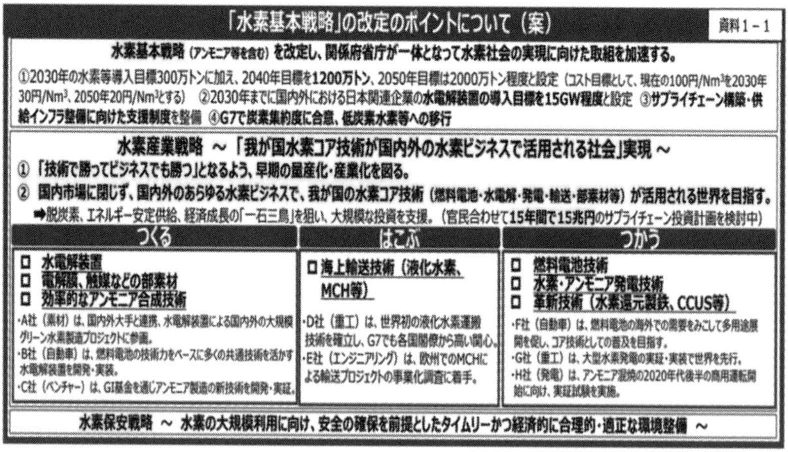

- 力点1：水素大量導入の経済合理性の継続的な確認を行う。
- 力点2：複数の未来に応じた複数のトランジション戦略を構築する。
- 力点3：水素エネルギーシステム分析を行い、水素導入に対する課題を明確にする。
- 力点4：過去の成功事例を戦略に活かす。

2.2 水素大量導入の経済合理性の確認

　水素エネルギーシステムは、元来は水素をエネルギーキャリアとする脱化石エネルギーのグローバルシステムとして発想された概念である。そのため、従来開発された水素エネルギー技術も大容量の水素を前提としたケースが多い。このため、水素および水素エネルギー技術をカーボンニュートラル達成のための手段として効果的に利用するためには、水素が大容量で利用されること、すなわち水素が基幹エネルギーとして導入されることが求められる。そして、その前提として水素の大量導入が経済合理性を有することを示すことが必要となる。経済合理性の根拠となるのは、水素コストと水素のCO_2限界削減費用の2点であるため、トランジション戦略においては、これらの継続的な評価を実施項目として記載することが重要である。

　水素が他のエネルギーシステムと競合しつつ、CO_2排出量などの制約条件の下に一次エネルギー構成の中でどの程度のシェアを占めるかは、エネ総研で開発された統合評価モデルGRAPEを用いて検証を行うことができる[2]。一方、水素技術の実用度の評価に関しては、例えば、IEAの技術成熟度評価（Technology Readiness Level）がある[3]。水素のサプライチェーンを早期に構築するためには、律速段階となる技術の成熟度を上げる努力が必要であり、トランジション戦略の中で当該技術を選択し、集中的に取り組む方向性を示すことが必要である。

　なお、水素は、種々の方法により多様な地域で生産可能であるため、エ

ネルギー安全保障上の利点を有するとの議論がある。しかし、この点は、コスト論では評価が難しく、定量的な検討が困難であるため、今後の検討課題としたい。

2.3 複数の未来と複数の戦略

　2050年に向けて、エネルギーおよび水素を巡る環境は大きく変化することが予想される。そのため、過去数年間の傾向を線形に外挿して将来の世界を予測し、それを基礎としてトランジション戦略を構築することは、リスクが大きくなると懸念する。米国のエネルギー省においては2000年前後に、シナリオプラニングを用いて水素の戦略的取り組み法を検討した例がある。この研究では、未来を規定する因子である「不確実性が高く、インパクトの大きな因子」として、「(1) 水素技術の進展速度」および「(2) 水素に対する期待・関心の変化」を選択した。[4] 当時に比較して、現在は地球温暖化および地政学上の問題が重要性を増していると思われるため、「(2) 水素に対する期待・関心の変化」に関しては、下記のような不確実性が考えられるのではないか。

「社会の水素に対する社会的関心の大小」に影響を及ぼす論点の例
①温暖化対応の例：緩和 VS 適応、現在の利害 VS 未来の利害、国家間・地域間の対立
②エネルギー安全保障の例：天然ガス供給不安による水素への期待、エネルギー備蓄の必要性による液体燃料重視

　この考察の下では、未来はこれら (1) と (2) の因子を組み合わせてできる 2×2 の4つの象限のどこかに帰着するものと思われる。それぞれの象限は大きく異なる属性を有するが、そのどのような象限においてもカーボンニュートラルの目標達成を狙える、柔軟性の高いトランジション戦略群を構築する必要がある。

未来1：水素への関心（大）、水素技術進展速度（小）の世界。

未来2：水素への関心（大）、水素技術進展速度（大）の世界。

未来3：水素への関心（小）、水素技術進展速度（大）の世界。

未来4（現在の姿でもある）：水素への関心（小）、水素技術進展速度（小）の世界。

　このような視点は、我が国の第六次エネルギー基本計画にも示唆されている。すなわち、「2050年という長期展望については、技術革新等の可能性と不確実性、情勢変化の不透明性が伴い、蓋然性をもった予測が困難である。そのため、野心的な目標を掲げつつ、常に最新の情報に基づき重点を決めていく複線的なシナリオによるアプローチとすることが適当である」[5]との記載がある。

2.4 社会システム分析による課題の抽出

　成果に結びつくトランジション戦略を構築するうえで、社会システムを描くことが極めて有効である。具体的には、まず、2050年における我が国の水素の物質収支・エネルギー収支・経済収支を可能な限り明らかにする。これによりトランジション期における水素エネルギーシステムの成立性を担保できる技術目標（コスト）と政策目標（公的補助など）が明らかになる。これらは、構成技術の検討のみでは予見が困難なシステム上の課題である。

　このような検討は、国全体を対象として実施することが好ましいが、その前段として、地域経済圏をベースに実施することにも大きな意義がある。図2-2に中部経済圏の検討例を示す[6]。

　この検討において、重要となる因子を下記の2項目により定義した。

- 初期投資額：受入基地、配送設備、需要家設備の合計。
- ランニングコストの乖離額：水素供給価格と各需要セクターの切り替え可能コストの差異。

図 2-2 中部経済圏における水素導入の検討例

これらを用いて分析をすることにより、例えば、下記のような課題が抽出できた。

- 水素コスト：ランニングコスト乖離額に直接影響する。
- 需要分野や顧客数が少ない：利用技術の種類が少ない。
- 技術開発が至急必要な分野および技術成熟度分析が必要な分野が存在する。

このように、水素需給を細部にわたり描き切ることにより、必要となる水素技術の目標値、需要拡大の重要性および必要性、必要となる補助額が明確になる。特に水素需要に関しては、不確定な部分が多いため、検討を早期に着手すべきであることが明確になった。

2.5 温故知新、成功例を活かす

過去の成功事例は、新規戦略の構築に有用である場合がある。とりわけ我が国のエネルギー分野における成功例は、成功時の制度が現在と共通することも多く戦略立案上、参考となる点も多い。

例として、我が国への液化天然ガスの導入の成功事例について、以下概説する。[7]LNGは、硫黄分や一酸化炭素などの大気汚染物質の含有が極めて少なく、かつ単位体積あたりの熱量が大きいことから都市ガス燃料源と

して古くから注目されていた。しかし、LNGは、その取扱い上の困難性や海上輸送の安全性が十分に確保されなかったため、1950年代においてもなお石油や石炭のような国際取引商品として扱われることは極めて稀であった。1950年代後半から日本は高度経済成長に入り、首都を中心に都市ガス需要が量的、地理的に急速に増加、拡大していくことが確実な状況であり、石炭に代わる都市ガス原料の確保や輸送導管の遠距離化など、都市ガス業界は新たな対応が必要とされた。この課題に対して世界初の発電とガス事業へのLNGの共同供給システムを構築したのは、東京ガスと、その導入に向けた方針に賛同し、共同事業とすることに同意した東京電力の2社であった。両社の取り組みにより1969年11月、米国アラスカから日本へのLNG輸入が初めて実現した。導入当初は、発熱量あたりのLNG価格は原油の1.7倍であり、これがLNG普及に対して大きな障害となる可能性があった。これに対して民間各社は、天然ガスの上流の開拓と国内需要の拡大を含めたコストダウンに傾注した。政府も下記のような取り組みを実施することにより、強力な支援を行った。[8]

格差是正に向けた補助金・政府支援
(1) 税制優遇
- 石油税(現石油・石炭税)について暫定無税化
- 当初20%を予定したLNG輸入関税を無関税化

(2) 補助金
- 熱量変更によるガス器具調整に対する補助金(天然ガス化促進対策補助金)

(3) 融資支援
- 第2号のブルネイ案件以降においては、日本輸出入銀行(現国際協力銀行)を通じたプロジェクト資金調達・政府保証
- LNG火力発電設備・受入貯蔵設備・気化設備を対象とした日本開発銀行(現日本政策投資銀行)による液化天然ガス発電融資制度(1972年～)
  1971年には先行して根岸LNG基地地下貯蔵タンク建設向け融資を実施

> ・上流開発・液化に関する石油公団（現エネルギー・金属鉱物資源機構）を通じた融資

　これらの官民一体となった取り組みの結果、1969年の導入開始以来52年を経た2021年には、LNGは我が国の一次エネルギー供給の21.4％を占め、発電分野では発電電力の37.0％を占めるに至っている。

　LNG導入の成功例は、水素の大量導入と類似している部分が多く、トランジション戦略において官民の取り組みを位置づける際に極めて有益な情報になるものと考えられる。なお、LNGの場合には、用途があらかじめ都市ガス原料、火力発電燃料として明らかであった点が水素と大きく異なる点は注意を要する。

2.6 おわりに

　2050年カーボンニュートラルは我が国の必達目標であり、その実現を目指す水素基本戦略は極めて重要である。水素基本戦略を補強する「トランジション戦略」は、より具体的な取り組みを含むものになると思われるが、ここで提起した論点が参考になれば幸いである。戦略構築は喫緊の課題であり、エネ総研のトランジション検討委員会における議論が、この解決に資することを祈念している。

〈参考文献〉

[1] https://www.cas.go.jp/jp/seisaku/saisei_energy/kaigi_dai4/siryou1-1.pdf
[2] https://www.iae.or.jp/2014/09/22/action_plan/
[3] Global Hydrogen Review 2022（windows.net）
[4] J. Ohi, Proceedings of the 2001 DOE Hydrogen Program Review, NREL/CP-570-30535
[5] https://www.enecho.meti.go.jp/category/others/basic_plan/pdf/20211022_01.pdf
[6] https://global.toyota/jp/newsroom/corporate/38984449.html
[7] https://koueki.jiii.or.jp/innovation100/innovation_detail.
    php?eid=00008&test=open&age=high-growth
[8] 三菱商事、経済産業省　水素・燃料電池戦略協議会資料、2014 年 4 月 14 日

3

CCUS および火力発電戦略

火力発電の脱炭素化に向けたトランジション

エネルギー総合工学研究所アドバイザリー・フェロー
小野﨑正樹

3.1 はじめに

　ウクライナ侵攻、イスラエルとパレスチナの紛争にみられるように、突然、戦闘が始まり、エネルギーの流通に大きな影響を与える。くしくも50年前には、中東を震源としてオイルショック（石油危機）が生じ、日本は大混乱に陥った。地政学リスクが顕在化した瞬間であった。その後、代替エネルギーの開発や原油の輸入先の拡大、天然ガスや石炭、原子力を加えたエネルギーミックスが図られ、何度か波があったものの、多くの関係者の努力によって最近まではエネルギーの調達が危機的状況になるのを回避してきたようにみえるが、不安が残る。

　カーボンニュートラルに向けて、エネルギーの構成が変わるなかで、どうすれば今までよりもエネルギー安全保障を確保していけるだろうか。ここでは、火力発電を中心に、その燃料の調達の面から2050年に向けたエネルギー供給システムの在り方を考えていきたい。

3.2 日本のエネルギー安全保障

　日本のエネルギー自給率は13％（2023年）と西欧諸国と比較して極めて低い状況にある。また、原油を日本に運ぶシーレーンには、幅が33kmしかないホルムズ海峡とマラッカ海峡、バシー海峡というチョークポイントが存在し、危険と背中合わせである。オイルショック後にエネルギー安全保障を高める試みがなされ、原油の中東依存率は70％程度に下がったのも束の間、今回のロシアのウクライナ侵攻以降、90％以上となりオイルショック時以上の数値となっている。

　オイルショック時とは異なり、LNGが一次エネルギーの30％を占めており、それも比較的近い豪州やマレーシアからの輸入が半分以上を占めていることが救いである。また、オイルショックを契機に設立されたIEAのもと、原油備蓄が進められ、現在、日本の原油備蓄は240日（2023年

11月）になっている。一方で、LNGの備蓄は技術的な課題もあり商用在庫のみで25日程度と進んでいない。したがって、1973年のオイルショックの当時と比べてエネルギー安全保障のリスクが下がっているとは言い難い。

3.3 日本の再エネ導入における課題

　2050年カーボンニュートラルに向けて、再エネの大量導入が欠かせないのは周知のことであろう。とはいえ、国内でどこまで調達できるかには疑問が残る。環境省の調査[1]では、事業性を考慮した導入ポテンシャルは約10億kWで、その発電量は年間1兆〜2.6兆kWhと報告されている。立地、送電へのアクセス、地域偏在、地権者の思惑、周辺住民の反対などを考えると、ポテンシャルの何分の一かを導入するのが限界ではないか。日本の消費電力は、おおよそ1兆kWhであることを考えると、第六次エネルギー基本計画[2]の2030年で想定している3300億から3500億kWhは妥当な数字である。洋上風力の推進でポテンシャルを大きめにみれば、2050年には、さらに増やすことも可能であるが、自ずと限界があることを知らなければならない。

　国内の再エネFIT価格は11円/kWh程度である。一方、再エネが豊富な海外のエリアでは、太陽光発電（PV）や風力による発電コストは大幅に低下している。例えば、アラブ首長国連邦（UAE）では、13.5US$/MW（150円/US$のとき2円/kWh）と報告されている。[3]このことを考えると、海外の再エネ電力を水素やメタン、メタノールなどの運びやすい合成燃料として輸入することで安定供給が可能となるのではないか。

3.4 海外の再エネのポテンシャル

　再エネは、原油のように特定の国や地域に偏在しているわけではない。とはいえ、太陽光発電であれば、日射量や平地の面積、送電系統によって需要地での経済性が異なり、その結果、自ずと使いやすい再エネ供給の地域が選ばれてくる。また、太陽光発電が夜間にゼロとなるのを補う点から風力発電を同時に導入するなどの方策がとられるであろう。

　そのようななかで、日本にとって信頼がおけて再エネポテンシャルが高い豪州を考えてみたい。豪州は、中央部から西部沿岸地区にかけて砂漠状の平地が広がり、年間直達日射量は、2900kWh/m^{2}であり、日本の700 〜 1300kWh/m^{2}に比べて2倍以上である。[4]

　日本の化石燃料の輸入エネルギーを水素に換算すると、約1.1億tになる。水電解に必要な電力を4.5kWh/Nm^3-H$_2$とすると必要な電力は5.4兆kWhである。設備利用率を14％とすると、太陽光パネルの出力が200W/m^{2}の場合、2万2000km^2、150km四方となる。これは豪州の面積の約0.3％に当たる。

　この他に風力発電もあり、送電系統も考えたうえで経済性のある地域を選定しても再エネのポテンシャルは十分にあるといえる。現実に豪州では、多くの巨大再エネプロジェクトが計画されている。

　その一例は、BPが投資主体となり、豪州西部ピルバラ（Pilbara）の6500km^{2}の地で計画されているAREH（Australian Renewable Energy Hub）プロジェクト[5]である。太陽光発電と陸上風力発電の組み合わせで90TWhの電力から年間160万tの水素、もしくは900万tのアンモニアを製造するもので、日本や韓国への輸出を想定している。90TWhは、日本の電力需要の1割弱に相当する巨大プロジェクトである。

3.5 海外からの再エネの輸送

　再エネ由来の燃料を再エネ豊富な国から日本に運ぶエネルギーキャリアには、液体水素、メチルシクロヘキサン（MCH）、アンモニアがある。さらに、回収したCO_2と水素から製造するメタンやメタノールなどが考えられる。

　現状のLNGによる輸入エネルギー量を、日本と産地間を運ぶに要する船が往復する年間の航海数をエネルギーキャリアごとに概算すると次のようになる。[6]

　LNGでは920航海数に対して、液体水素は3000回、アンモニアは3500回とLNGに比べて大幅に増えるのに対してメタノールでは780回、MCHでは1600回となる。液体水素は密度が小さいので、1隻で1万 t 程度しか運べない。アンモニアは大型LPG船を想定しているので、1隻で5万 t 程度となる。

　日本が運航しているLNGタンカーは、おおよそ250隻である。液体水素やアンモニアのみに頼ると航海数が多く、港湾施設などに課題があることも考えておかねばならない。

　エネルギーキャリアには、それぞれ特徴がある。水素は、輸入や国内配送に新たな輸送船や港湾、配送、貯留などのインフラが必要であるし、アンモニアは強い毒性がある。一方、これらは火力発電との混焼に向いている。

　CO_2フリーのLNGやメタノールを実現するには、CO_2のリサイクルシステムやDACが成り立つことが求められる。LNGは既存のインフラがそのまま使えるし、メタノールも石油インフラの転用や、化学工業の原料として使用することが可能である。これらの特徴を踏まえて、カーボンニュートラルに向けてバランス良く導入することが重要である。

3.6 火力発電の脱炭素化に向けたトランジション

　国の施策では、2030年に向けて石炭火力への20％アンモニア混焼の導入・普及を目標として、年間300万ｔのアンモニア（水素換算で約50万ｔ）を輸入する計画である。「水素基本戦略」では、2050年には年間2000万ｔを目標としている。JERAは、2023年度に100万kW石炭火力（愛知県碧南市の碧南火力発電所）でアンモニア20％の混焼を実証開始（年間50万ｔ）の予定である。2030年代前半には保有する石炭火力でアンモニア混焼率20％を達成し、2040年代には専焼化を開始するとしている。

　2024年1月には、「長期脱炭素電源オークション」による入札が行われており、後押しになるであろう。

　アンモニアプラントは、天然ガスを原料にした3300ｔ／日が最大規模であり、年産109万ｔに相当する。年間300TWhをアンモニアに置き換えるとすると、年間8200万ｔのアンモニアが必要となる。これは、アンモニアプラント約75基に相当する。また、現在、世界のアンモニア生産量は約2億ｔであることを考えると、早急な対応が求められるところである。

3.7 世界の火力発電設備の推移

　Global Energy Monitor[7]によれば、中国やインドを中心として、石炭火力発電の設備は、毎年50基以上増加している。EUや米国での廃棄による減少を考慮しても、2010年以降でも差し引きで毎年10から50基が増加している。中国やインドでは、再エネを急激に増やしているが、電力需要増を賄うために石炭火力を減らすことができない。また、LNGは供給が逼迫しており、LNG火力の新設も制限される。

　このような新設した火力発電の設備を急激に廃棄することを選択するのは、それらの国にとって現実的ではない。今後ともアジア地域の新設石炭

火力や天然ガス複合発電の設備を活用する方策として、日本が進めている
水素・アンモニア燃焼が適当であろう。

3.8 再エネによる脱炭素を実現する
国際エネルギー供給システム

　それでは、日本の一次エネルギーを、海外の再エネで製造される水素、
アンモニア、メタン、メタノールなどのエネルギーキャリアで賄うとした
ら、どのようなバランスになるであろうか。一次エネルギーの輸入量は、
今後の省エネや国内の再エネの増加で減少する一方で、デジタル化の進
展やCO_2回収などでエネルギー消費が増加することを踏まえ、2017年版
IEA[8]の1万9284PJに対して80％である、1万5600PJとして検討した。こ
の量を再エネが豊富な国や地域から輸入するときのバランスを求めた結果
を、図3-1に示す[6]。

　ここでは、次の条件で計算している。

- 原油、石炭は輸入しない。
- LNG輸入量は現状と同程度の年間7600万tとする。
- 鉄鋼には、水素製鉄が導入される。高炉法が維持される場合に、鉄鋼
  以外で水素を2000万t輸入するとして水素製鉄分を加算する。
- メタン/メタノール燃焼からのCO_2回収率は90％とし、未回収分は
  バイオマス燃焼からの回収や海外でのDACで補償する。
- 水素、アンモニアはお互いに変換可能とする。
- アンモニアの輸送には、アンモニア・CO_2兼用船を使用する。
- 一次エネルギーの不足分はメタノールとして輸入する。

　その結果、日本でCO_2を回収して再エネが豊富な国でメタンやメタノ
ールを製造するカーボンリサイクルにより、バランスがとれることがわか
った。国内の再エネや原子力の割合が増えると、全体の量が下がることに

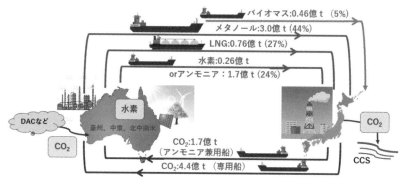

図 3-1 再生可能エネルギーによるカーボンニュートラルを
実現する国際エネルギー供給システム[6]

※（ ）内の数値は、一次エネルギーの内訳

なる。

　一方、鉄鋼では、海外で還元鉄を製造し、日本に輸入して製鋼を行う場
合は、水素／アンモニアの輸入量が水素として2000万 t 程度となる。従
来の高炉法である場合は、年間約6500万 t の原料炭を輸入しているので、
そこから発生する1.5億 t 程度のCO_2はCCSなどで固定化する必要があ
る。

3.9 脱炭素に向けたエネルギーミックスの変化

　日本のエネルギー自給率は13％程度と、ドイツ35％、フランス55％、
英国75％に比べて格段に低い。現状、信頼できる輸入先があり、また、
輸送ルートが確保されているとはいえ、エネルギー安全保障に不安が残る。

　将来、原子力がどの程度寄与するかは予測が困難である。そこで、CO_2
を排出しない国内の再エネと原子力をまとめて考える。そのシェアは、第
六次エネルギー基本計画では、2030年に一次エネルギーで31 ～ 33％、電
力で56 ～ 60％（他に水素・アンモニア1％）となっている。地政学的に
先進諸国のエネルギー安全保障の度合いを定量的に検討した結果、日本の

図 3-2　日本の現在と 2050 年の想定一次エネルギーの内訳

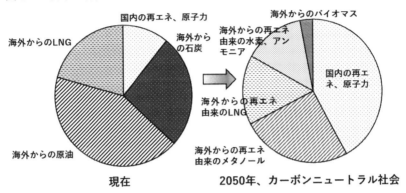

現在　　　　　　　2050年、カーボンニュートラル社会

一次エネルギーに占める国内の再エネ＋原子力のシェアは、2050年には40％程度が適正と考えている[9]。電力の中では75％程度であり、変動対策として相当の蓄電池が設置される。

　このことは、年間1兆kWhの発電量とすれば7500kWhであり、先述の国内再エネポテンシャルから考えると、原子力の寄与が相当量あるとしてもほぼ上限ともいえる量である。さらに、年間の電力使用量が増えると、原子力の必要性がさらに増す。

　以上より、現在と2050年の一次エネルギーは、図3-2に示すイメージが適当ではないかと考える。海外からの再エネ由来のメタノール、LNG（メタン）、水素、アンモニアをバランス良く導入することが必要である。再エネ由来の合成燃料を需要に応じて適切に分配していくことになるのであろう。

　メタノールは、原油と同じように大量備蓄も可能である。また、MTO（Methanol To Olefine）技術によりオレフィンを製造し、化学工業の原料とすることも現実的である。さらに、MTG（Methanol To Gasoline）技術によりガソリンなどの合成燃料とすることも可能である。

　地政学的には、シーレーン上にチョークポイントがない豪州などと信頼関係を築いて、さらに中東、北米、中南米から分散して輸入することで安

全保障が向上するであろう。

　このような戦略により、2050年のカーボンニュートラル社会では、現在のエネルギー安全保障上の課題である①低自給率、②シーレーン上のチョークポイントの存在、③低供給途絶対応能力（備蓄）に十分に対応できる。

3.10 まとめ

　カーボンニュートラルを実現するには、再エネが主要エネルギーになるものの、安定電源である原子力や国内だけではなく、海外の安価かつ豊富な再エネの積極的な利用が不可欠である。

　信頼できる豪州や北南米、中東などから、再エネにより製造したメタンやメタノール、液体水素、アンモニアなどのエネルギーキャリアをミックスして輸入し、その特徴を生かして利用するのが適当であろう。エネルギーキャリアの貯蔵による安定供給も可能となる。火力発電では、既存のインフラを活用しながら、再エネ由来の燃料を導入してトランジションを進めることが重要である。

　1969年に、日本は世界に先駆けてLNGの事業化を推進し、世界でトップクラスのLNGの輸入国となっている。この実績に学んで、地政学を踏まえて世界をリードしてカーボンリサイクルによる「国際エネルギー供給システム」を構築できるかが、日本の将来を左右する。現在、世界に誇れる鉄鋼や電力、化学、重工業、造船、エンジニアリング産業があるうちに、早急にカーボンニュートラルに向けたエネルギーシステムへの投資を進めることが必要である。

　エネルギー安全保障を保つうえで、アジア太平洋地域各国との信頼関係醸成、同盟関係の維持、シーレーンの確保に全力を注ぐことが必要であることはいうまでもない。

〈参考文献〉

[1] 環境省、「我が国の再生可能エネルギー導入 potential　概要資料導入編」（2022）
[2] 経済産業省 ,「第六次エネルギー基本計画」（2021）
[3] https://www.solarfeeds.com/mag/solar-power-statistics-in-uae-2021/
[4] GLOBAL SOLAR ATLAS, https://globalsolaratlas.info/map
[5] https://www.bp.com/en_au/australia/home/who-we-are/reimagining-energy/ decarbonizing-australias-energy-system/renewable-energy-hub-in-australia.html
[6] 小野﨑 , 橋﨑 ,「火力発電の脱炭素化に向けたカーボンリサイクル活用の検討」, 火力原子力 発電 , 72, 307-314 (2021)
[7] Global Energy Monitor, https://globalenergymonitor.org/wp-content/uploads/2023/04/ Boom-Bust-Coal-2023-Japanese.pdf
[8] IEA, Sankey diagram（2017）
[9] 小野﨑 , 橋﨑 ,「カーボンニュートラルのための地政学」, 季報エネルギー総合工学 , 45, 34-48 (2022)

4

原子力開発利用

原子力発電所：国内新設の円滑化

長岡技術科学大学大学院工学研究科教授

山形浩史

4.1 はじめに

　現在の世界では、気候変動とエネルギー安全保障が重要な課題となっている。

　主にGHGの排出による人間活動が地球温暖化を引き起こしていることは明らかで、2011年から2020年にかけて地球の表面温度は1850年から1900年のレベルを1.1℃上回る水準に達した。この地球温暖化現象を1.5℃と2℃に抑えるためには、この10年間にすべての分野で即時GHG排出削減が必要であり、世界のCO_2排出実質ゼロ目標は、それぞれ2050年代初頭と2070年代初頭ごろに達成されなければならない。[1]2023年4月、パリ協定に基づき194カ国がGHG排出削減に向けてNDCを提出した。例えば、日本は、2030年までにGHG排出量を（2013年比）46％削減し、2050年までに実質ゼロ排出を達成することを目標としている。[2]英国は、2030年までに68％の削減（1990年比）を目指している。[3]米国は、2030年に50〜52％の削減（2005年比）を目指している。[4]

　さらに、2022年のロシアによるウクライナ侵攻により、全世界がエネルギー安全保障の重要性を改めて認識するようになった。ロシアは、歴史的にEUの主要なガス供給国であり、その結果、紛争が始まって以来、EUは天然ガス価格の急激な上昇を経験し、[5]2023年は天然ガス約300億m^3の潜在的な不足に直面している。[6]

　GHG排出量とエネルギー安全保障の問題を解決するために、多くの国は再エネと原子力エネルギーへの投資を計画している。これらはどちらも低炭素エネルギー源であり、エネルギー安全保障に関して化石燃料よりも優れている。具体的には、再エネの利用により化石燃料の輸入の必要性が減る可能性があり、原子力発電所は18カ月間燃料を補給せずに発電できる。

　2022年1月現在、世界で66GWeの原子力発電所62基が建設中であり、80GWeの原子力発電所70基が計画されている。[7]他方、日本では原子

力発電所の再稼働すら進んでいない。2011年3月の福島第一原子力発電所の事故当時、日本では4万9240MWeの原子力発電所55基が運転中で、4141MWeの原子力発電所3基が建設中であった。2023年12月の時点で、再稼働できたのは1万1608MWeの12基だけである。

　原子力発電所の建設と運営には、原子力発電所がさまざまな形で経済的利点を提供する必要性、産業技術能力の必要性、国民の受け入れなど、さまざまな要因が関係する。経済的利点に関しては、現在のグローバル化した世界においてエネルギー価格は世界レベルで連動しているため、原子力発電の経済的利点は国によって大きな違いはない。産業技術能力に関しては、外国から輸入することも可能である。例えば、UAEは2020年に他国、主に韓国からの技術援助を受けて初の原子力発電所を稼働させた。[8] 導入される技術の安全性に関しても国によって大きく変わることはない。ただし、安全性を担保するための規制制度については国によって異なる。一般の人々の受け入れに関しては、これは国ごとに異なる可能性が高い問題である。

　部材に力が加わったときに発生する応力は、万国共通のはずであり、応力の評価式もほぼ同じものが使われている。しかしながら、どのように評価・確認していくかの手順（制度）は国により異なる。日本の規制制度は、立地条件とプラント設計を一体として、基本設計、詳細設計、検査と発電所設計、建設、運転の流れに沿って順次進めていくこととしている。米国では、立地条件とプラント設計を分けて審査を行うことができる。プラント設計は、いわゆる型式審査が行われている。立地条件の審査が終われば、審査済みのプラント設計を組み合わせるだけでよく、規制リスクの低減、審査期間の短縮が図られている。審査基準の考え方も国によって異なる。米国は、個別具体的に記載されており、申請者は基準適合していることを説明すればよい。英国では「Safety Case」という考え方であり、ここでCaseとは、法律用語で訴訟、主張の論拠・証拠という意味である。申請者と規制側は、裁判のように議論を徹底的にかわすというイメージであ

る。日本は、米国と英国の間であるが、米国に近い。

　日本では、原子力利用は避けられないという国民の間で肯定的な意見が緩やかに増加していた時期があったが、これは福島第一原発事故までのことであり、事故後は大幅に減少した。一方、事故から10年以上が経過すると、原子力利用に否定的な意見は若干減少し、原子力利用に肯定的な意見が若干増加した。[9]英国では、国民は原子力エネルギー利用について否定的な意見よりも肯定的な意見のほうが多かった。[10]2019年に実施された世論調査では、42％の人が発電のための原子力エネルギーの利用を支持しており、年齢が上がるにつれて原子力発電への支持レベルが高まる。年齢と原子力発電への支持の間にはほぼ直線的な関係が存在した。[11]米国では、スリーマイル島（TMI）事故、チェルノブイリ事故、福島第一原発事故のあと、原子力に対する国民の支持が低下したが、最も影響力があったのはTMI事故であり、福島第一原発事故の影響は限定的であった。原子力事故以外にも、エネルギー安全保障リスクの変動も、時間の経過とともに原子力エネルギー利用の賛否に大きな影響を与えることが示されている。具体的には、エネルギー輸入に関連する不安と出費により、原子力エネルギー利用に対する国民の支持が高まっている。[12]実際、2022年5月（つまり、原油価格が100US$/バレルを超えたとき）に実施された世論調査では、過去最高となる国民の大多数（77％）が原子力エネルギーの利用を支持していた。[13]

　本稿では、国民の意識を考慮した安全、それを踏まえた規制制度などについて考えてみたい。

4.2 日本の原子力発電の状況：
　　新設の必要性が早まる

　2023年12月末現在、日本の原子力発電所の状況は、営業運転再開12基1万1608MWe、設置許可済み未再開5基5457MWe、設置許可審査中10基1万529MWe、設置許可未申請9基9630MWeである。

一方、エネ総研のシミュレーションでは、以下の想定となっている。

①現在廃炉が決定していない炉は、2030年より前に再稼働される。

②現在建設中の3基（大間、東京電力東通1号機、島根3号機）は2030年に運転開始する。

③最近の法改正にもかかわらず、すべての炉の運転期間を60年とする。

④高位シナリオでは、2030年以降は37.2GWを上限として新規の建設が行われる。

エネ総研の想定は楽観的、特に「現在廃炉が決定していない炉は、2030年より前に再稼働される」は楽観的過ぎるものであり、これに代わるものとして原子力発電所の新設の必要性が前倒しとなる。

しかしながら、原子力発電所の新設には多くの課題があり、主なものとして国民理解の向上、安全性の向上、規制リスクの低減、経済性の向上、現実的問題の解決などがある。本稿では、これらについて解決策を考えてみることとする。これらが解決できれば、原子力発電所の新設の円滑化に資するものと期待する。

4.3 国民理解の向上から住民・国民意識の把握へ

政府および電力会社は「国民理解の向上」という表現を使うことが多い。これには、「我々は正しい判断をしているのだから、国民は理解すべきだ」という発想が感じられる。この発想にも大きく2つのパターンがあり、①「国民の意識を十分に把握したうえで、それを踏まえて正しい判断をしているのだから、国民は理解して欲しい」とうもの（以下、意識共有型）と、②国民の意識を調査もせずに、仮に調査をしてもそれを軽くみ「我々は正しい判断をしているのだから、国民は理解すべきだ」というもの（以下、独善型）である。

独善型では、いずれ国民の反発にあい物事が進まなくなることは容易に

想像ができる。意識共有型であっても、意識の異なるすべての国民の意識を踏まえることは不可能であるから、一部の国民の反発を受けることは必然であるが、大多数の国民の意識を踏まえて物事を進めれば反発は少なくなる。したがって、国民、原子力発電所周辺の住民の意識を十分に把握する必要がある。

　これまで、政府または電力会社の支援などを受けた機関は、日本全体の国民の意識調査は行ってきている。しかし、原子力発電所周辺の住民の意識調査は行っていない。仮に行ったとしても公表はされていない。

　筆者は、2023年2月に、原子力発電所が立地する市町村（以下、立地市町村）、立地市町村と同一道県内であり立地市町村と隣接する市町村（以下、隣接市町村）および全国の国民の原子力発電所の再稼働および新設に対する意識の調査・比較を行った。その結果、立地市町村の住民と全国の国民の間で、意識に大きな差がなかった。立地市町村の住民は、原子力発電所に対して理解があるなどという幻想は捨てなければならない。

　立地市町村および隣接市町村の住民への「原子力発電所の事故の際に、どの程度の避難なら許せますか？」との質問には、「絶対に許せない」が26.1%、「1日程度の避難なら仕方がない」が17.5%、「2〜3日の避難なら仕方がない」が19.8%、「1週間程度の避難なら仕方がない」が18.9%、「1カ月間程度の避難なら仕方がない」が6.5%、「数カ月程度の避難なら仕方がない」が9.3%であった。約4分の3は1日程度から数カ月程度と幅はあるものの、その程度の「避難なら仕方がない」としている。避難が絶対に許せないという4分の1の意識と、避難は仕方がないという4分の3の意識を、どう踏まえて判断するかであるが、筆者は4分の1の意識を軽くみてはいけないと思う。

　避難の問題のほかにも住民の意識を丁寧に調べ、公表し、これらを踏まえた政策・事業が原子力発電所の新設の円滑化に資するはずである。

4.4 安全性の向上：
避難不要な原子力発電所を目指す

　原子力発電に対する態度を決定する要因は非常に複雑である。単に安全だから原子力発電に賛成となる訳ではない。原子力発電の特性そのものに加え、国際的な政治情勢、紛争、エネルギー価格などの外的要因、性別、年齢などの個人的属性に大きく左右される。だからといって、日本の周辺で紛争が発生し電気代が高騰すれば、原子力発電への賛成が増えるなど期待するのはもってのほかである。政府および電力会社は、原子力発電所の安全性の向上、放射性廃棄物の最終処分など課題解決に努力しなければならない。

　原子力発電所において事故を防止し、かつ発生時の事故の影響を緩和する主要な手段は、深層防護の考え方を適用することであるとされている。[14]表4-1は、国際原子力機関（IAEA）が作成したSafety of Nuclear Power Plants: Design, Specific Safety Requirements No.SSR-2/1(Rev.1)における5層の防護レベルによる深層防護の考え方をまとめたものである。[15]ここで第1の防護レベルから第4の防護レベルまでは原子力発電所で対応すべきものであり、第5の防護レベルは原子力発電所外での対応となっている。日本の原子力発電所の安全規制は、この深層防護の考え方を踏まえたものとなっている。

　ここでは、第4の防護レベルの目的、すなわち原子力発電所の性能目標について検討する。

　第4の防護レベルは、第3の防護レベルでの対策が失敗した場合を想定し、事故の拡大を防止、重大事故の影響を緩和することを要求するものである。具体的に重大事故などに対する安全上の目的は、以下の3つである。

a)時間的にも適用範囲においても限られた防護措置のみで対処可能とすること。

b)敷地外の汚染を回避または最小化すること。

c)早期の放射性物質の放出または大量の放射性物質の放出を引き起こす事
故シーケンスの発生の可能性を十分に低くすることによって実質的に排
除できること。

表 4-1　IAEA による深層防護（概要）

	想定	目的	手段
V	放射性物資の大量放出	放射性物質の放出による影響を緩和	十分な装備を備えた緊急時対応施設、所内と所外の緊急事態の対応に関する緊急時計画と緊急時手順
IV	重大事故	a) 時間的にも適用範囲においても限られた防護措置のみで対処可能 b) 敷地外の汚染を回避または最小化 c) 早期または大量の放射性物質の放出を引き起こす事故シーケンスを実質的に排除	事故の拡大を防止し、重大事故の影響を緩和すること
III	設計基準事故	事故を超える状態に拡大することを防止するとともに発電所を安全な状態に戻す	固有の安全性および工学的な安全の仕組み
II	異常な過渡変化	事故状態に拡大することを防止するために、通常運転状態からの逸脱を検知し、管理	設計で特定の系統と仕組みを備えること、それらの有効性を安全解析により確認すること、さらに運転期間中に予期される事象を発生させる起因事象を防止するか、さもなければ、その影響を最小にとどめる
I	通常運転	通常運転状態からの逸脱と安全上重要な機器などの故障を防止	品質管理および適切で実証された工学的手法に従って、発電所が健全でかつ保守的に立地、設計、建設、保守および運転

　日本の原子力発電所の安全規制において、c)については、早期の放射性物質の放出または大量の放射性物質の放出を引き起こす事故シーケンスの発生確率が極めて低いことを確認している。b)については、フィルターベントの設置により放射性物質の放出量がCs-137で100TBq（おおよそ福島第一原子力発電所事故の放出量の100分の1）以下に抑制できることを確認している。b)およびc)への対応によって、主に希ガスおよび有機ヨウ素が一定の時間および減衰を経て放出されることから、第5の防護レベルにおける対策、すなわち時間的にも適用範囲においても限られた防護措置のみで対処可能となる。

　新設の原子力発電所は、既設の原子力発電所より安全性が向上すべきであり、より周辺住民の意識を考慮したものとすべきと考える。安全性向上の観点から深層防護において各防護レベルが独立して有効に機能することが不可欠な要素であることから、第4の防護レベルは、できる限り第5の防護レベルへの依存を少なくすべきである。第5の防護レベルでの防護措置には、避難、一時移転、屋内退避、安定ヨウ素剤の服用、飲食物摂取制限などがある。フィルターベントの設置により粒子状放射性物質の放出が抑制され、一時移転、飲食物摂取制限に依存する可能性は極めて低くなっている。屋内退避および安定ヨウ素剤の服用は住民が自ら行うことが可能である。このような現状を考慮すると、第5の防護レベルにおける避難への依存を低減するため、避難が不要な原子力発電所にすることが安全性の向上に寄与する。また、周辺住民の意識を考慮する観点から、周辺住民の約4分の1が「避難は絶対に許せない」としていることから、避難が不要な原子力発電所にすることが求められている。新設の原子力発電所については、避難が不要な原子力発電所にすることによって、安全性と住民理解の向上に寄与することができる。

　ただし、ここで注意すべきは、第4の防護レベル、すなわち原子力発電所の性能目標が向上したとしても、深層防護において各防護レベルが独立して有効に機能することが不可欠な要素であることから、第5の防護レベ

ルの対策を弱体化させてはならない。避難が不要な原子力発電所となっても、避難計画および避難訓練の重要性に変わりはない。

4.5 規制リスクの低減：
　　地盤とプラント審査の分離、
　　産学規のコミュニケーション

　原子力発電所を新設するためには、原子力規制委員会の許可・認可・検査が必要となる。これらの審査は大きく分けて、地震・津波などの自然現象に係る部分と設備・操作手順などのプラントに係る部分とがある。自然現象に係る部分は発電所ごとに異なるが、プラントに係る部分は同一基本設計とすることができる。後述するが、プラントに係る部分は国内で同一基本設計とすることが経済的にも合理的である。現在は、発電所ごとに自然現象に係る部分の審査をおおよそ終了してから、プラントに係る部分の審査を始めるというふうにシーケンシャルに審査を行っている。これを自然現象に係る部分とプラントに係る部分の審査を分けることによって、パラレルに行うことができ、審査期間を大幅に短縮できる。さらに、国内で同一基本設計とすれば、プラント側の実質的な審査は初号機のみで、2番目からはほぼ審査が不要となる。

　自然現象に係る部分については、既に基準地震動・基準津波の許可を得ている発電所敷地内または周辺に建設すれば、敷地内の断層調査の追加は必要であるが、審査によって不許可になったり、審査が長期化するリスクは大幅に低減することができる。

　プラントに係る部分については、現在の規則・技術基準は福島第一原子力発電所事故後に既設用として策定されたものであるから、まず、新設用の規則・技術基準の策定が必要である。しかし、規制側としては具体的申請が見込めないと規則・技術基準策定に労力を割けない、事業者側としては規則・技術基準がなければ設計を具体化できないという両すくみ状態と

図 4-1　産学規のコミュニケーション

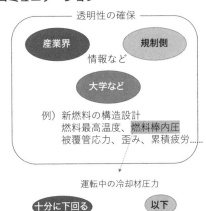

なる。このような状態は、新技術の導入を妨げる一因となり、好ましくない。

　安全性の向上に向けて、新技術の導入という観点で産業界、規制側、大学など（産学規）が透明性を確保したうえで、コミュニケーションが適切に行われる必要がある。産学規が共有すべきものとしては、原子力安全の基本理念・原理・原則、導入すべき新技術の方向性、科学的・技術的情報などである。これらの情報を踏まえて、産学規で検討するものは、新技術について安全上必要な条件の項目である。例えば、新燃料の構造設計ならば、燃料最高温度、燃料棒内圧、被覆管応力、歪みなどの項目である。具体的な温度や圧力は、規制側は必要最低限な基準、産業界は規制側の基準を上回る計画であるべきである。このような科学的・技術的議論は、対等な立場で行う必要がある。規制側が高圧的な態度になったり、大学などが権威的なふるまいをしてはならない。ただ、対等な立場での議論を行うには基盤をそろえる必要がある。技術者倫理、原子力安全の基本理念・原理・原則についての共通教育が必要である。

4.6 経済性の向上：
日本標準設計、既存インフラの活用

　経済性の向上は産業界の努力に負うところが多い。簡素化、モジュール化、工期短縮など個別の対応もさることながら、日本の産業界として基本設計を統一すること（日本標準設計）も必要である。これまで狭い日本において加圧水型（PWR）、沸騰水型（BWR）と大きく2種類があり、さらに年代ごとの進化、各電力会社の個別仕様などがバラバラであった。今後は基本設計を統一することにより、設計、審査、製造、建設、人材育成などあらゆる面でコストダウンが必要である。

　原子力発電の経済性は、発電所建設・運営に係るものに加えて、インフラに係るものにも依存する。新たに港湾を建設し、送電線を引くことは非現実的である。50万V送電線の建設費は1kmあたり5億～10億円といわれており、数百kmで数千億円となり大幅なコストアップとなる。また、周辺住民とのコミュニケーション、地方自治体との関係も重要インフラである。これを新たに構築するには数十年の年月が必要となる。このように考えれば、規制リスクの低減も考慮して、既存の原子力発電所敷地または周辺に新たに建設することが現実的である。

4.7 現実的な問題

　原子力発電所を設計、製造、建設、運営していくためには、人材、経験とノウハウ、サプライチェーンなどが必要であるが、福島第一原子力発電所事故以来建設や運営の空白期間が10年以上続き、その劣化が懸念されている。このような状況は、原子力産業固有の問題ではなく、他の成熟産業でも経験してきており教訓を学ばなければならない。多くの産業では、集約化、共有化により維持してきている。上述のとおり基本設計を統一することに加えて、人材育成、特に専門人材の育成、技術情報・知識などは

積極的に共有化が図られるべきである。

　さらに、既設の原子力発電所の敷地や周辺に建設するとなると、建設が可能な土地が限られている。加えて、これまでも建設に伴う掘削土を敷地外に持ちだすことが難しかったことから、敷地の多くが掘削土置き場となり、建設可能な土地が狭まっている。地方自治体の協力を得ながら、敷地外に掘削土を持ちだせる努力をしていかなければならない。

4.8 まとめ

　原子力発電所の運転期間は60年となりつつあるものの、既設の原子力発電所の再稼働がなかなか進まないなかで、原子力発電所の新設の必要性が高まってきている。ただし、政府・産業界がいくら必要性を訴えても、国民の理解を得られるとは限らない。まずは、国民の意識を十分に把握したうえで、政策・事業計画を立案すべきである。原子力発電所の周辺住民には、避難は絶対に許せないという意識が少なからずある。新しい原子力発電所は避難が不要なレベルに安全性を高めるべきである。この目標を規制として具体化するためには、透明性を確保したうえで、規制側、産業界、大学などが適切にコミュニケーションを図り、基本理念や技術情報を共有し、安全性のために検討すべき項目の洗いだし作業が必要である。経済性向上のため、また技術力の維持のためには、あらゆる面で集約化・共有化を進める必要があり、基本設計の標準化が鍵となるであろう。このように解決すべき課題は多岐にわたり関係者も多い。産学規の適切なコミュニケーションが欠かせない。

〈参考文献〉

[1] IPCC, "AR6 synthesis report: Climate change 2023".
[2] 日本政府, "日本の NDC（国が決定する貢献）", 2021.
[3] Secretary of State for Business, Energy, and Industrial Strategy, "United Kingdom of Great Britain and Northern Ireland's nationally determined contribution", 2022.
[4] United States of America, "The United States' nationally determined contribution - Reducing greenhouse gases in the United States: A 2030 emissions target", 2021.
[5] World Bank, "Commodity markets", 2023.
[6] International Energy Agency, "How to avoid gas shortages in the European Union in 2023. A practical set of actions to close a potential supply-demand gap", 2022.
[7] 原子力産業会議, "世界の最近の原子力発電所の運転・建設・廃止動向", 2023.
[8] BBC, "Barakah: UAE starts up Arab world's first nuclear plant", 2023.
[9] 原子力安全システム研究所, "原子力発電に対する世論の継続調査（1993 年以降）", 2021.
[10] UK Department for Business Energy & Industrial Strategy, "BEIS public attitudes tracker: Energy infrastructure and energy sources, Winter 2022", 2022.
[11] Institute of Mechanical Engineers, "Public perceptions: Nuclear power", 2020.
[12] Gupta, K., Nowlin, M.C., Ripberger, J.T., Jenkins-Smith, H.C. and Silva, C.L., "Tracking the nuclear 'mood' in the United States: Introducing a long term measure of public opinion about nuclear energy using aggregate survey data", Energy Policy, 2019.
[13] Bisconti, A.S., "Record high public support for nuclear energy, 2022 National Nuclear Energy Public Opinion Survey finds", Bisconti Research, Inc, 2022.
[14] IAEA, "FUNDAMENTAL SAFETY PRINCIPLES, IAEA SAFETY STANDARDS SERIES No. SF-1", 2006.
[15] IAEA, "Safety of Nuclear Power Plants: Design, Specific Safety Requirements No.SSR-2/1(Rev.1)", 2016.

5

エネルギーシステム・CN産業

エネルギートランジションの
グランドデザインの必要性

東京財団政策研究所主席研究員
平沼 光

5.1 はじめに

　2016年11月のパリ協定発効以降、世界が再エネの普及を中心としたエネルギー転換を推進しCNを目指すなか、日本も2020年10月に菅首相（当時）が「2050年カーボンニュートラル、脱炭素社会の実現を目指す」ことを宣言し、本格的に動きだすこととなった。さらに、菅首相は、2021年4月に開催された米国気候変動サミットにおいて、2030年度にGHGを2013年度比で46％削減することを目指し、50％削減に向けて挑戦することを新たに表明した。この新たな削減数値に合わせる形で、2021年10月22日に閣議決定された第六次エネルギー基本計画では、2030年の再エネ導入目標を2019年度の導入実績の倍となる36〜38％に引き上げることになった。日本の部門別CO_2排出量では、発電を主としたエネルギー転換部門からの排出量が最も多く、カーボンニュートラルを目指すうえでは再エネの普及をはじめとするエネルギー転換部門の脱炭素化が必須である。第六次エネルギー基本計画では、「2050年カーボンニュートラルを実現するために、再エネについては、主力電源として最優先の原則の下で最大限の導入に取り組む」ことが明記され、日本のエネルギーシステムを、化石燃料を中心としたこれまでの大規模集中型のエネルギーシステムから再エネを軸としたエネルギーシステムに再構築することが求められている。本稿では、カーボンニュートラルに向けたエネルギーシステムを構築するうえで何がポイントとなるか、そしてエネルギーシステムの構築と経済成長を実現するために必要となる産業について考察する。

5.2 企業、自治体の高い再エネニーズ

　パリ協定の発効を大きな転機として世界は、再エネの普及を中心としたエネルギー転換を推進してきたが、再エネ普及拡大の必要性は近年さらに高まってきている。2023年11月30日から同年12月13日にかけてUAEで

開催されたCOP28の合意文書では、気候変動の影響が深刻化してきていることを問題視し、締約国に対してネット・ゼロを達成するために化石燃料からの移行を求めるとともに、2030年までに再エネを3倍にし、エネルギー効率を2倍にするという新たな具体的な目標が盛り込まれるに至っており、再エネの普及拡大がますます求められている状況にある。こうした再エネの普及拡大は、脱炭素を推進しなければならない企業や自治体にとっても生命線ともいえる重要事項となってきている。

　日本の企業246社（2023年9月13日時点）が加盟し、日本のRE100（100% Renewable Electricity）の窓口を担っている企業グループの日本気候リーダーズ・パートナーシップ（JCLP）が2021年9月に公表した「第六次エネルギー基本計画案に関する声明」では、2030年の再エネ比率について国の導入目標である36〜38％を上回る50％の導入を求めている。また、脱炭素に取り組む企業600社（2023年9月13日現在）が参加する気候変動イニシアティブ（JCI）や経済同友会も2030年の再エネ比率40〜50％を求めており、さらなる再エネの普及が求められている。エネルギーの需要家である企業が高い再エネ比率を望む背景には、世界各地で再エネの大量導入が進み最も安い電源となっていることや、環境・社会・ガバナンス（ESG）投資が広がっているためだけではなく、気候変動対策が進んでいる国が、同対策の不十分な国からの輸入品に対し水際で炭素課金を行う炭素国境調整措置（CBAM：Carbon Border Adjustment Mechanism）の導入を欧州が推進していることなどに危機感を持っているからにほかならない。[1]もし、こうした措置が世界で本格的に導入された際、再エネの普及など日本の気候変動対策が進んでいなければ、日本の輸出品が課税対象になるというリスクが生じ、国益を損なうことが懸念される。企業にとって気候変動への取り組みは生き残りをかけた生命線となっているといえる。

　再エネの普及拡大は自治体にとっても不可欠となってきている。2020年10月の菅首相（当時）の2050年カーボンニュートラル宣言を大きな転機として2050年カーボンニュートラルを表明する自治体が昨今増加して

いる。既に東京都・京都市・横浜市をはじめとする973自治体（46都道府県、552市、22特別区、305町、48村＜2023年6月30日時点＞）が「2050年までに二酸化炭素排出実質ゼロ」を表明している状況にある。およそ日本全国の自治体がカーボンニュートラルに取り組むことになるが、多くの自治体で地域の再エネを活用していく方針が脱炭素に向けた主な取り組みとして盛り込まれている[2]ことから、自治体としても再エネの普及拡大は喫緊の課題となっている。

5.3 再エネの普及に欠かせない　　　地域の主体的な関与

エネルギーの需要家である企業や自治体からの再エネの普及の要望が高まってきている一方、足元の日本の普及現場の状況をみると、地域外の資本が地域住民の理解や協力を得ないまま行った大規模メガソーラーなどが地域の環境や景観に悪影響を与え、地域の反対運動を引き起こす事例が各地で増えてきている。そのため、再エネ発電設備の設置に抑制的な条例（再エネ条例）を施行する自治体が増加してきており、その件数は2016年度に26件だったものが2020年度には134件と5年で約5.2倍に増加している状況にあり、このままでは再エネの十分な普及は難しい状況となっている。

再エネは、地域に吹く風や照りつける太陽光など地域由来のエネルギーであることから、その活用においては地域市民の理解や協力といった地域の主体的な関与が重要となる。政府では、2030年度までにカーボンニュートラルの実現を目指すと同時に地域の魅力と暮らしの質を向上させ、全国のモデルとなる「脱炭素先行地域」を2030年度までに少なくとも100カ所つくることが目指されているが[3]、再エネに対する地域の社会的受容性、すなわち地域の主体的な関与を得ることができなければ、各地で起きているメガソーラーに対する反対運動などがさらに増加し、自治体における再

エネ促進地域の設定や脱炭素先行地域の創出に影響を及ぼすことが考えられる。地域の主体的な関与を得られず再エネの普及が進まなくなることは、企業の再エネの調達にも影響を及ぼすことから早急な対応が必要になってきている。

5.4 地域主体の再エネ事業体として注目 されるシュタットベルケ（Stadtwerke）

　日本では、再エネの普及における地域市民の主体的な関与が必要となってきているが、再エネの普及が進んでいる欧州では、市民出資による市民エネルギー協同組合など、地域の再エネ発電事業は外部資本ではなく、地域の利害関係者がオーナーシップをもって再エネの活用を推進する地域市民の主体的な関与を確保した形での普及が進んでいる。世界風力エネルギー協会（WWEA：World Wind Energy Association）では、こうした地域主体の再エネ発電事業の取り組みを「コミュニティーパワー」と呼び、その定義として下記の3つの事項を示している。[4]

　①地域の利害関係者がプロジェクトの大半もしくはすべてを所有している。

　②プロジェクトの意思決定は、コミュニティーに基礎を置く組織によって行われる。

　③社会的・経済的便益の多数、もしくはすべては地域に分配される。

　ドイツでは、こうしたコミュニティーパワーの市民エネルギー協同組合は2007年に101件であったが、2012年には700件を超え、2015年には1000件に達しており、地域の主体的な関与を確保した再エネの普及が進んでいる。[5]なかでも、地域の主体的な関与により持続的な再エネ事業を行っているドイツのシュタットベルケ（Stadtwerke）がコミュニティーパワーの参考事例として注目されている。

ドイツのシュタットベルケとは、ガスや熱供給、水道、地域公共交通など、再エネ事業だけではなく、さまざまな公益サービス事業を地域市民に提供する自治体出資の地域公益サービス公社と呼べる組織である。自治体からの出資率は自治体が100％出資するケースや自治体と地域の住民・企業の共同出資によるものなどさまざまある。[6] シュタットベルケは、地域の自治体、市民、企業など地域の人間が出資者兼利用者として主体的に関与していることから、シュタットベルケの再エネ事業は地域主体のコミュニティーパワーといえる。[7]

　シュタットベルケでは、電力、熱供給、水道、ガス、地域公共交通など多部門にわたる事業を展開しているが、どれかひとつの事業の業績が悪化しても、黒字部門がそれを補う内部補助（cross subsidization）を行うことで、全体としての事業の安定性を高め、地域の雇用創出に貢献しているという特長がある。シュタットベルケは、内部補助を積極的に行い、たとえ再エネ事業単体での事業運営が厳しい地域であっても、内部補助により持続的な運営が保たれ、気候変動問題の対応などに貢献している。また、再エネ事業が黒字を生み出す地域のシュタットベルケでは、地域の再エネによる電力や熱などのエネルギー供給を行い、本来であれば灯油やガスなどの燃料代として外部に流失してしまう経済的便益を地域内に循環させ、地域に利益を還元するとともに、内部補助により他の公益サービス事業を支えるという持続可能なモデルを構築している。[6]

　再エネ事業を行うにあたっては、大手電力会社からの配電網を買い戻すことで独自に地域の配電網を保有し、地域主体で発電設備の接続や需給調整を行い、エネルギーの地産地消を進めることで地域の脱炭素化を促進しているシュタットベルケも多い。ドイツ全土の配電網の約45％がシュタットベルケにより独自に運営されており、[8] 配電網の地域利用が再エネ活用を行ううえで重要視されている。また、ドイツでは、バーチャルパワープラント（VPP：Virtual Power Plant）や、ディマンドリスポンス（DR：Demand Response）、そして卸電力市場の活用などにより、変動性のある

再エネの需給調整などを行う「アグリゲーター」というエネルギーサービス会社が進展しており、再エネ発電の需給調整を独自に行うことが難しいシュタットベルケでは、アグリゲーター会社と協力して地域の再エネの活用が行われている。

　こうしたシュタットベルケはドイツに約1500社（2021年6月時点）存在し、市民からの信頼度も高い。例えば、電力販売の90％を再エネで賄っているハイデルベルク市のシュタットベルケ・ハイデルベルク社（Stadt-werke Heidelberg）は、大手電力会社よりも1〜2％高い値段で電力販売を行うこともあるが、二酸化炭素の削減や地域の雇用創出などに高い意識を持つ地域市民は、ハイデルベルク社を利用することが気候変動問題に対応して地域の価値を高め、地域内での利益還元を促すことを理解していることから、市内の84％の需要家がハイデルベルク社から電力を購入していることが報告されている。[9]こうした地域市民からの高い支持により、シュタットベルケの電力小売市場におけるシェアは大手電力会社を上回るものとなっている。[10]

5.5 荒廃農地を活用した地域主体の営農型太陽光発電の取り組み

　日本では、シュタットベルケのような完成された地域主体の再エネ事業はまだ発展途上であるが、そうしたなかでも自治体と企業、そして市民が共通の目的を持ち、その目的を達成するために地域主体による再エネ事業の創出を実現させている事例が生まれてきている。

　九十九里浜に近い千葉県北東部の匝瑳市に所在する市民エネルギーちば株式会社は、荒廃農地を活用した営農型太陽光発電事業を地域市民の主体的な参加により実施している。匝瑳市飯塚・開畑地域は、40年以上前に山を削って造成した80万m²に及ぶ広大な農地で、かつてはタバコ栽培などが営まれていた。しかし、農家の高齢化などで徐々に耕作が放棄され、

2014年時点で約4分の1にあたる20万m²ほどが荒廃農地となっていた。この中には地域の共有地6万m²も含まれ、共益費の支払いが危ぶまれるという切実な問題を抱えていた。さらに別の8000m²に関しては、地域価値を下げるまでに有名な不法廃棄物が投棄された圃場があり、20年以上一切の手立てを講じることができないなどの問題を抱えていた。

　こうした問題を憂慮した地域の農業生産者を中心とする有志が、2014年に市民エネルギーちば合同会社を設立（2019年7月に市民エネルギーちば株式会社に社名変更）した。採算性が悪く農業を続けられなくなっていた土地で営農型太陽光発電事業（ソーラーシェアリング）を実施することで、脱炭素と荒廃農地を再生する取り組みが始められた。営農型太陽光発電とは、農地に約3mの背の高い細型の太陽光発電設備を設置し、太陽光パネルで再エネ発電事業を行うとともに、パネルの下の農地で農業を行い、農業と再エネ発電事業を両立させる取り組みである。2016年には100％出資会社として大規模な営農型太陽光発電を運営する匝瑳ソーラーシェアリング合同会社を設立した。翌年には1.2MWの営農型太陽光発電となる匝瑳メガソーラーシェアリング第一発電所（1.2MW、土地面積3万2000m²）の運営を開始している。

　営農型太陽光発電の取り組みは地域で広がり、現在、匝瑳市の飯塚地域にある市民エネルギーちば株式会社がかかわる営農型太陽光発電所は、匝瑳メガソーラーシェアリング第一発電所のほかにも30カ所以上に上っている。設備容量の合計は3754kW（2022年10月現在）に達し、営農型太陽光発電の太陽光パネルの下では有機農業で大豆や大麦が栽培され、耕作を請け負う地元の農業生産法人の収入の安定にも寄与している。こうした営農型太陽光発電について、太陽光発電事業者連盟（ASPEn）が2021年4月23日に公表した提言では、国内の農地面積（荒廃農地含む）のうち約2％にあたる10万haに営農型太陽光発電を導入することで農作物の生産を損なうことなく、年間1000億kWhの電力生産を確保することが可能とされており、営農型太陽光発電はエネルギー自給率と食料自給率向上の高

いポテンシャルが期待されている。

5.6 地域活性化と地域イノベーションを 促す営農型太陽光発電

　市民エネルギーちば株式会社の営農型太陽光発電の取り組みは、地域の活性化にも大きな役割を果たしている。2018年3月には、営農型太陽光発電の売電収益を基金として地域課題の解決に取り組む「豊和村つくり協議会」が立ち上げられている。協議会のメンバーには、自治会や地元環境保全会、農業法人、小学校のPTA、環境NPOなど幅広い顔ぶれが参加し、営農型太陽光発電という新しいツールを活かして、環境保全や新規営農支援、子供たちの教育支援など多岐にわたる取り組みが進められている。地域活性化を進めるため市民エネルギーちば株式会社は、太陽光パネルの下で育てた作物を使った大豆コーヒーや味噌などの加工品の開発、販売を行う子会社を設立し、農作物の六次産業化も実践して地域雇用の創出に貢献している。

　さらに、市民エネルギーちば株式会社は、経済産業省の「令和3年度地域共生型再生可能エネルギー等普及促進事業費補助金」にENEOSホールディングスと協働で、営農型太陽光発電を中心として地域マイクログリッドを構築する事業（以下、支援事業）を申請し、地域マイクログリッドの構築という地域イノベーションにも取り組んでいる。

　匝瑳市は、2019年9月の台風15号の影響により同市の広範囲で1週間以上の停電に見舞われている。その際、市民エネルギーちば株式会社は、営農型太陽光発電を電気の充電や電気機器の利用拠点として地域住民に開放し、災害時のエネルギー供給に貢献している。支援事業では、こうした市民エネルギーちば株式会社の経験を活かし、匝瑳市の協力のもと、匝瑳市北部の豊和地区を対象地域として、営農型太陽光発電、屋根置き太陽光発電、もみ殻バイオマス発電、ガスコージェネレーション（熱電併給）、

蓄電池、EV、EVから住居に電力を供給するビークルトゥホーム（V2H：Vehicle to Home）充放電設備、そして、それらをコントロールするエネルギーマネジメントシステム（EMS）を導入し、災害などにより電力系統から解列された状況においても電力の地産地消と資金の地域内循環を実現する、持続可能な低炭素型地域マイクログリッドを構築する計画である。

　計画では、マイクログリッド対象地域で発電した電力をEVに蓄電し、対象地域外となる3km離れた匝瑳市役所とふれあいセンターにV2H充放電設備を設置することでEVから電力を供給することを構想しているが、将来的には地域交通として営農型太陽光発電の電力で走行するEVを普及させるとともに、トラクターなどの農業機械のEV化も進め、あわせてV2Hも普及することで、電力、地域交通（モビリティ）、農業、住居の4つの部門にわたるトータルの脱炭素化を実現させることも検討している。

5.7 地域主体の再エネによる
　　分散型エネルギーシステムの構築

　カーボンニュートラルに向けて再エネは必須であり、地域主体の再エネ普及を推進する必要がある。そのためには、シュタットベルケや市民エネルギーちば株式会社のような地域主体の再エネによる分散型エネルギーシステムの構築が今後益々重要となるであろう。その構築にあたっては図5−1に示すように、①まず自治体と市民の十分なコミュニケーションによる再エネ事業の企画が欠かせない。②そのうえで、地域だけでは対応できない電力需給調整などの専門業務はアグリゲーターとの協力体制を築くことも必要である。③そうした体制を築いて地域の再エネの掘り起こしを行い、地域交通としてEV、FCVなどを普及させ、EVによる再エネ電力の充放電（V2G）や再エネ電力によるグリーン水素の製造（P2G）とFCVでのグリーン水素の活用といった地域交通の脱炭素化も構想できる。④さらに、地域の需要サイドも屋根置き太陽光発電や家庭のエネルギー管理システム

図5-1 地域主体の再エネによる分散型エネルギーシステム概要

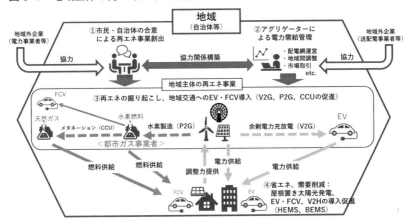

（HEMS）、ビルエネルギー管理システム（BEMS）、そしてEVやFCVを
積極的に取り入れることで、需要サイドで地域エネルギーの調整力を提供
できる体制を整えることも重要である。

　カーボンニュートラルに向けては、こうした地域主体の再エネによる分
散型のエネルギーシステムを各地に構築していくことが必要であるが、地
域によっては、エネルギーポテンシャルや再エネ施設の規模などの地域差
がある。そのため、電力需給調整などは、ひとつの地域だけでは賄いきれ
ないこともあるため、地域間の協力が重要となる。ドイツの北ヘッセンで
は、シュタットベルケが集まった有限合資会社の形態をとる北ヘッセンシ
ュタットベルケ連合（SUN）が設立されており、それぞれのシュタットベ
ルケが地域間の協力を行うことで再エネ施設の共有や需給調整など、シュ
タットベルケ単体ではコスト高になりがちな事業運営の効率化と広範囲な
顧客へのアクセスを図っている。[12]日本においても図5-2に示すように各地
の分散型エネルギーシステムが需給調整や廃棄太陽光パネルなどの資源循
環（サーキュラーエコノミーの構築）などで協力を行い、互いに補ってい
く地域間協力の体制を構築することも重要である。さらに、こうした地域

図 5-2　分散型エネルギーシステムの地域連携と資源循環システムの構築

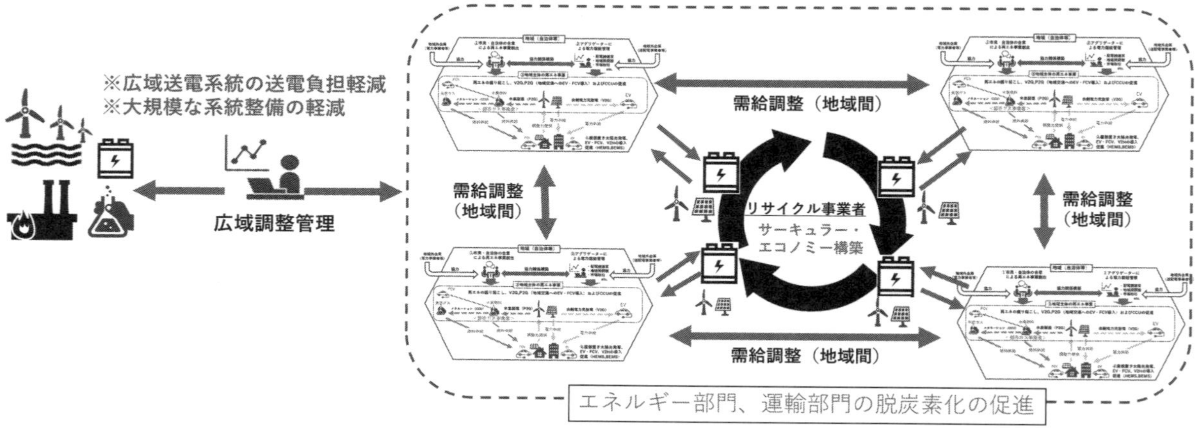

および地域間のエネルギーシステムを構築することで広域送電系統の送電負担を軽減させるとともに、CCUSなどで脱炭素化した化石燃料発電や大規模な再エネ発電、蓄電施設を活用し、より広域でシームレスな電力需給調整や効率化を図っていくことが求められる。

5.8 カーボンニュートラルに向けた産業

前述した地域主体の再エネによる分散型エネルギーシステムを構築するには、それを支える産業が欠かせない。化石燃料への依存から再エネをはじめとするクリーンエネルギーへの転換を進めるために2023年2月に閣議決定したGX実現に向けた基本方針では、向こう10年間で150兆円を超える官民投資が見込まれている。その投資内訳として、自動車産業（約34兆円〜）、再エネ（約20兆円〜）、住宅・建物（約14兆円〜）、脱炭素目的のデジタル投資（約12兆円〜）、次世代ネットワーク（約11兆円〜）などを含め17の産業分野が示されており、およそ地域主体の再エネによる分散型エネルギーシステムを構築するために必要な産業分野が網羅されている内容となっている。ただし、投資を効果のあるものとするためには、従来の化石燃料による大規模集中型のエネルギーシステムから地域主体の再エネによる分散型エネルギーシステムへ再構築するというエネルギーシステムのグランドデザインを描いたうえで投資を進めることが重要である。分散型エネルギーシステムへ再構築するというエネルギーシステムのグランドデザインを描かずに投資を進めても、それは単なるパッチワーク的な投資にとどまり、十分な効果を上げることはできないだろう。カーボンニュートラルに向けては、地域主体の再エネによる分散型エネルギーシステムという新しいエネルギーシステムのグランドデザインを描き、それを支える産業を育てていくことが何よりも重要となる。

〈参考文献〉

[1]　日本気候リーダーズ・パートナーシップ（JCLP）「炭素税及び排出量取引の制度設計推進に向けた意見書」2021 年 7 月 28 日

[2]　環境省ホームページ「地方公共団体における 2050 年二酸化炭素排出実施ゼロ表明の状況」（2023.6.30）https://www.env.go.jp/policy/zerocarbon.html

[3]　環境省ホームページ「脱炭素先行地域選定結果（第 4 回）について」https://www.env.go.jp/press/press_02388.html

[4]　World Wind Energy Association（WWEA）"WWEA defines Community Power" 23 May 2011

[5]　Craig Morris, Martin Pehnt "Energy Transition The German Energiewende" Heinrich Böll Foundation, 28 November 2012, p.9-10

[6]　ラウパッハ・スミヤ ヨーク「日本版シュタットベルケの構想ー未来の地域社会インフラ構築への物語ー」九州大学炭素資源国際教育研究センター主催：日本版シュタットベルケ構築検討会発表資料 , 2018 年 1 月 31 日～同年 2 月 1 日 , p.23

[7]　平沼 光「地域エネルギーの持続的活用に向けて（中）地域が主役のドイツの再エネ事業 経済循環を促す市民エネルギー協同組合とシュタットベルケ」『地方行政』第 10686 号 , 時事通信社 , 2016 年 12 月 5 日 , p.10-14

[8]　Verband kommunaler Unternehmen e.V.(VKU) "Figures, data and facts for 2019" 31.December.2017, p.8

[9]　瀧口信一郎「地方創生に向けた地域エネルギー事業の創造 (1) 地域活性化の基盤にエネルギー事業 地域経済の核になり、地域密着の人材育成にも期待」『地方行政』第 10527 号 , 時事通信社 , 2014 年 12 月 25 日 , p.2-5

[10]　Verband kommunaler Unternehmen e.V. (VKU) "Figures, data and facts for 2022" https://www.vku.de/fileadmin/user_upload/VKU_ZDF_2022_EN.pdf

[11]　一般社団法人太陽光発電事業者連盟（ASPEn）（2021）「2030 年の再エネ比率＋ 10％に向けた提言～営農型太陽光発電の大量導入によるエネルギーと食料の自給率向上に向けて～」,2021 年 4 月 23 日

[12]　Martin Rühl "German utility companies rely on wind power Direct civic Participation in the municipal utility company -democratization of the turnaround in energy policy" Stadtwerke Wolfhagen, July 2014, p.23-24

6

国民理解

日本のエネルギー史 その特殊性を考える
──国民理解に向けて

ユニバーサルエネルギー研究所代表取締役
金田武司

6.1 はじめに

　日本のエネルギー史は、歴史の骨格を形成してきた重要な要因と考える。それは、江戸時代に遡りつつ日本が辿ってきた歴史とエネルギー史を照らし合わせることで理解することができる。また、「理解」とは、「経緯」を知ることによりなされる。例えば、原子力にシフトした我が国のいきさつの理解が原子力に対する基本的な理解に必要だと考える。原子力に対する国民理解に向け、経緯・背景にかかわる共通認識がないことが大きなハードルになっていると感じている。本稿では、日本におけるエネルギー史の特殊性を理解し、原子力利用に至った経緯など基礎的な背景を整理してみたい。

6.2 欧州の気候変動対策

　化石燃料の高騰は、絶妙なタイミングで発生した。欧州での電力価格高騰の経緯は、最大の工業国ドイツの状況からわかりやすく理解できる。ドイツでは、電力の多くを風力発電など再生可能エネルギーなど不安定電源に依存する政策をとってきた。欧州では、各国の系統がつながっており、個々にみれば不安定な電源であっても欧州全体としてみた場合、比較的安定化することができる。このため、原子力発電を停止する政策をとり、電力不足が叫ばれるなか2023年4月15日、60年以上安定・安価な電力を供給してきた原子力発電が完全に停止した。さらにCO_2排出削減の観点から安価な電力を供給してきた石炭火力発電を停止する政策が進行中である。ドイツでは、2035年までに再生可能エネルギーのみによる電力供給を実現するという。

　さて、ドイツのエネルギー政策だが、ターゲットは気候変動対策だという。もちろんドイツだけではない。欧州では、他国からの電力供給が期待できることから相互依存を前提として不安定な再生可能エネルギーに依存

していく政策が進められる。ドイツも自国の原子力発電所を停止させたところでお隣フランスの安価な原子力発電所の電力に依存することで電力の安定供給を実現する。隣国の原子力発電所に依存したところで相互依存のためには変動電源が発電していない部分を火力発電が担う以外に手はないはずである。実際問題、ウクライナ侵攻によりロシアからの天然ガス供給が3分の1に絞られ、ドイツでは石炭火力発電所の再稼働と積極的な運用が開始された。気候変動対策を最も積極的に推進したドイツにおいては、いかにも皮肉な事態となっている。

　欧州各国の考え方は結果として、再生可能エネルギーのような変動電源の大量導入に対して化石燃料の長期安定購入は馴染まないとの判断をした。つまり、変動電源による電力不足分を穴埋めするための燃料は長期間一定の価格での契約ではなく、時々刻々最も安価な値段で購入していくようなスポット的な購入が相応しいという結論となった（電力取引の自由化の推進）。すなわち各国は長期契約をせず、「時価」での購入に変更していった。結果として再生可能エネルギーの導入を優先することで長期間安定的な化石資源を購入することをあきらめ、電力の取引は時々刻々細切れに行われることとなる。

6.3 風況の変化

　ロシアによるウクライナ侵攻前の2020年秋から冬に欧州全土で風況が悪化し、電気が不足する事態が発生した。欧州全土が系統ネットワークでつながっているために電力不足の影響は欧州全土に及ぶ。部分的に不足するなら「助け合い」ができるが、全体が不足した場合には「奪い合い」となる。つまり、自由化の原則は「選択の自由」が保証される限り経済的なメリットが発生する一方で、選択肢がなくなると奪い合いの発生を妨げることができないという側面を持っている。

　欧州では、図6-1に示すとおり、夏季に太陽光が活躍、冬季に風力が活

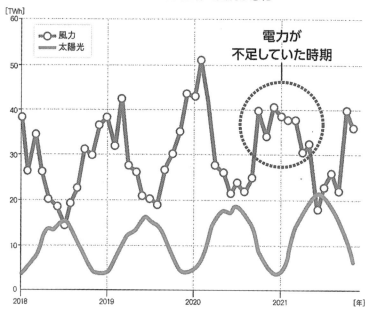

図 6-1　2020 年夏から秋にかけて欧州全体で風況が悪化

[TWh]

- 風力
- 太陽光

電力が
不足していた時期

躍することから両者を導入することは相補的となる。さて、風力発電の出力が低下したところでいきなり電気代が上昇することはないが、事態が継続すると電気代および燃料代が高騰することは予見できる。

　さらに、2020年の冬季は、厳冬との予測も相まって早めに燃料を買い付けておこうというインセンティブが働いた。欧州各国が求める燃料は言わずもがな「天然ガス」である。再生可能エネルギーの次にCO_2排出の少ない燃料は天然ガスだからであり、供給インフラも整備されている。また、天然ガスは中東に大きく依存していないことから友好関係にあるロシアに増産を依頼することは比較的容易なはずであった。実際、ドイツ（ドイツを経由してガスを受けている各国も）ロシアの天然ガス依存度は非常に高い。ロシアからドイツへは天然ガスの直結パイプラインが何本も敷設されているほどガス依存、ロシア依存は大きかった。2020年当時ドイツのロ

シア依存は石油34%、石炭45%、そして天然ガス55%という状況であり、特にガスについては国内需要の90%以上を輸入に依存していた。これまでであればロシアは、多少の価格高騰はあっても助けてくれるはずであった。

6.4 ロシアの反応

　ドイツの置かれた状況は、同じく資源のない日本にとっても他人ごとではない。ちなみに、ドイツは、パイプライン以外に天然ガスを調達する手段を持っていない。つまり、日本のようにLNGを輸入するためのインフラは整備されていなかった。EUでは、スペインがLNGを輸入することができるものの、LNGは世界的に長期契約に基づく取引であることから短期かつ大量の取引を行うことができないという特徴を持っている。欧州全土のガス需要を考えると不足する事態がみえてきたのが2020年秋から冬にかけてということになる。まず、厳冬を見越した天然ガスの奪い合いが短期的なLNGの急激な価格を高騰させた（図6-2）。

　さて、ロシアの反応次第で欧州全土は悲惨な冬を迎えることとなる。もし、ロシアが敵対的な反応を示した場合には、欧州全土が危機的な状況に陥ることは明らかであった。どうも今から考えればロシアには深い思いがあったようである。

　ロシアにしてみれば「それほどガスが欲しいのなら我々も欲しいものがある」と要求を突きつけるのに最良のタイミングがやってきたともいえる。欲しいものとは、かつての領土ウクライナである。2020年後半のわずか半年間で天然ガスの価格が10倍にも跳ね上がり、欧州全土が危機的となったことがプーチンに決断させたといえる。

　ソ連時代のひとつの国であり、ロシアと隣接するウクライナは、ロシア語を話す民族も多く、文化・経済において深くロシアと結びついていたウクライナが北大西洋条約機構（NATO）への加盟意思を示したことが大き

図 6-2　LNG 価格の急騰

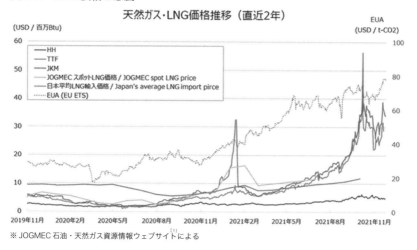

天然ガス・LNG価格推移（直近2年）

(USD / 百万Btu)

EUA
(USD / t-CO2)

凡例:
- HH
- TTF
- JKM
- JOGMEC スポットLNG価格 / JOGMEC spot LNG price
- 日本平均LNG輸入価格 / Japan's average LNG import pirce
- EUA (EU ETS)

※ JOGMEC 石油・天然ガス資源情報ウェブサイト[1]による

　な引き金になったことも否めない。また、ロシアとしては、ウクライナ支配により不凍港（冬季に凍結せず利用できる港）を手に入れたい意思がある。このため、ドネツク州のマリウポリ（製鉄の輸送、石炭の輸送などが可能な大規模港）や穀物輸出の主力港であるオデーサ港で火の手が上がることとなる。欧州全土がエネルギー危機になり得る状況を見据えて「ウクライナをよこせ」と主張を始めた。

　プーチンは 2020 年冬、天然ガス価格の急激な高騰が実現したことをテコとして、春から夏に一旦価格が下がったものの第 2 弾の天然ガス絞り込み作戦を実施した。まずは、天然ガスインフラの爆破（実行犯の特定には至っていない 2021 年 9 月、ドイツ向けの天然ガスパイプライン「ノルドストリーム」の爆破）による価格高騰と合わせてワシントンポスト紙によれば、2021 年末には、ウクライナ国境周辺にロシア軍部隊 17 万 5000 人を大々的に集結させた。これは、全欧州の電力不足、天然ガスの価格高騰の時期と一致していることからも天然ガス価格の急騰が戦火の火ぶたを切ったことは明らかであった。

6.5 石油の時代

　日本の歴史を振り返ってみたい。資源のない我が国は、これら国際情勢、特に中東やロシアなどの資源国の動向に影響を受ける。また、資源の調達はタンカーなど船舶のみに依存していることも日本は特殊だと言わざるを得ない。さらに、欧州のように再生可能エネルギーなどの変動型電源による需給調整を近隣諸国と行う手段を持たない。日本のエネルギー政策を議論するうえでのこれらの基本的な要件は極めて重要である。先進国の中でこれほど特殊な事情を抱える国は日本のみである。日本のエネルギー政策、将来シナリオに関する議論において、これらの点を無視すると机上の空論となる。

　エネルギー資源を持たない日本は過去幾度となく危機を経験し、またそれを乗り越えてきた。国民理解とは、このことを理解することから始まる。

　第二次世界大戦以前、日本は石油のすべてを米国に依存していた。米国依存率100％であったところ、禁輸政策により一滴の油も輸入することができなくなる。また、日本を取り巻く諸国および主要各国がそれに同調した。これにより資源輸入が途絶えた日本は、東南アジアからの原油に頼みをつなぐこととなる。ただし、本土に輸送するタンカーがなければ意味がなく、日本のタンカーはことごとく撃沈された。最後のタンカーの撃沈、それは太平洋戦争の終結を意味する。敗北した日本は当面、東南アジアの油田にも頼ることはできない立場に置かされることとなる。

　さて、戦後、米国や東南アジアからの輸入を断たれた日本を救ったのは、中東の国々にある油田であった。中東の国々は、日本に支配された経験がなく、安価な原油を提供してくれた。これにより戦後安価な中東の石油を使う時代が到来した。また、米国のアイゼンハワー大統領（当時）による「Atoms for Peace」演説（1953年12月）による原子力の平和利用の可能性と日本への技術支援を知り、大きな戦争の犠牲のもと経済復興が最優先であった日本は原子力への道を進むこととなる。

159

当時の国会議事録を見る限り、原爆の洗礼を受けた日本が米国に依存していくことのリスクを訴える意見や原子力技術そのものの安全性を危惧する声も多く見受けられる。しかしながら、戦後の貧しかった日本が海外のエネルギー資源に依存せず、自立していくためのエネルギー源として米国の技術・燃料の供与により日本は原子力の平和利用を進めることとなる。エネルギーの海外依存からの脱却という目的により原子力発電の技術を手に入れ、本格的導入を推進することとなる。

6.6 歴史は繰り返す

　戦後、中東からの安価な石油に依存することにより確かに戦後の奇跡ともいわれる復興は実現できた。結果として日本の石油の中東依存度は一時91.2％を記録し（1967年度）、その後1973年第一次オイルショックの発生までに77.5％と依存度を減らしたものの、オイルショックが日本の経済に与えるダメージは非常に大きく日本経済に暗雲が立ちこめた。オイルショックの発生原因（第三次中東戦争）にかかわっていない戦後復興のまっただ中にある日本が世界で最も経済的なダメージを受けたともいわれる。当時、ニクソン大統領が原油取引の米ドル一本化を強要したことが原因であり、それに反発する中東諸国が一挙に原油価格を4倍に引き上げたことが第三次中東戦争を誘発し、中東の原油に頼っていた世界経済を混乱に落とし入れた。第三次中東戦争自体、日本は関知しない出来事で、石油に依存するリスクをどの国よりも強く感じた事件でもあった。

　2023年は第一次オイルショックの発生から50年である。相変わらず日本は中東の石油に経済そのものを大きく依存している。なんと2021年時点で日本の石油中東依存度は92.5％と、第一次オイルショックの際の77.5％を大幅に上回っている。昨今の中東情勢の動きをみる限り、かつてのオイルショックの発生と類似点が非常に多く指摘されている。

6.7 中東情勢をみる

　過去の経験から日本は、常に中東からの石油・天然ガス輸入障害や急激な値上がりの発生リスクにさらされていることは明らかである。中東では長年、イスラエル（ユダヤ人）とイスラム諸国（パレスチナおよび周辺の国々）の間で争いが発生しており、日本のエネルギー調達にとって最大のリスクだといえる。ペルシャ湾・ホルムズ海峡や紅海・マンデブ海峡では、これまでも何度か日本のタンカーを含む西側諸国のタンカーが攻撃を受けている。中東戦争と呼ばれる争いは、これまで4回発生している。そのすべてがイスラエルと周辺のパレスチナの国々の領土問題に根づいており、将来にわたって日本にとっては爆弾を抱える状況となっている。

　4度に及ぶ中東戦争の経緯全体が重要であるが、本稿では現在の中東情勢と最も近い第四次中東戦争の経緯を記す。1971年8月15日（日本の終戦記念日）のニクソン大統領（当時）の緊急演説によりニクソンショックが発生した。当時、米ドルの価値を金により担保していた制度（金とドルの兌換制度）をやめ、中東の原油をもってドルの価値を担保しようとしたのである。つまり、中東の原油取引を米ドル一本に統一しようとしたことに対して産油国は激しく抵抗した。これら西側諸国への不満が爆発し、1973年、失地回復を目指したエジプトがイスラエルに先制攻撃を仕掛け、スエズ運河の支配権を確保した（第四次中東戦争）。また、アラブ諸国（産油国）は、イスラエルを支援する西側諸国に対して経済的な圧力をかけ、戦争を有利に運ぶため原油の価格を3カ月間で4倍に引き上げることにより第一次オイルショックが発生する。

　さて、いま中東で起きていることはまさに、これらの延長であり、アラブ諸国とイスラエルの対立である。2023年10月7日、ガザ地区に幽閉されているアラブ過激派ハマスがイスラエルに奇襲攻撃を仕掛けたことに端を発する。これに対してイスラエルは、大規模な無差別攻撃をガザ地区のアラブ系住民に対して実施している（2023年12月現在）。1地区を対象と

した争いであること、他のアラブの国がイスラエルに宣戦布告していないことなどから中東戦争とはいわれないが、第五次中東戦争に拡大するリスクをはらんでいるといえる。

6.8 災い転じて福となす

　石油の時代、中東に依存しきっていた日本は、3カ月で原油価格が4倍にも跳ね上がったことで経済的な大混乱に陥る。まずは、人々の生活に直結する物流が停止した。すなわち工業製品から食料品、トイレットペーパーに代表される消費財が店頭から姿を消した。このような緊急事態により日本のエネルギー政策は大きな転機を迎えることとなる。

　オイルショックの経験から日本は、「新エネ」、「省エネ」そして「原子力」という3本柱を推進した。1980年に世界に先駆けて国策としての新エネルギー開発を推進するためNEDOを設立し、石油に頼らないエネルギー供給技術を開発・普及することを国是とした。国家を挙げた本格的な新エネルギー開発・推進機関として世界で最初だといえる。結果、太陽光や風力発電など現在の新エネルギー発電の基礎理論の構築と実践に大きく貢献し、世界の新エネルギー開発の基礎を構築したのは、まさにNEDOの成果であったといえる。

　さて、同時に石油資源の重要性を思い知った日本の産業界は、「省エネ」製品の開発に舵を切った。エネルギー資源がふんだんにある米国や当時のソ連にはまったく思いもつかない方針であった。まさに石油への過度な依存が日本経済を大混乱に落とし入れた経験を踏まえて推進した政策である。日本の家電製品、自動車をはじめあらゆる工業製品が省エネ・長寿命となり、これが「日本ブランド」をつくり、世界に売れ、結果として日本の家電メーカーをはじめ自動車会社は飛躍の時期を迎える。日本を代表する家電メーカーの売り上げが急増し、オイルショックから立ち直り、高度経済成をまい進するきっかけとなる。なんと1975年時点のGDP150兆

円が1990年には450兆円に跳ね上がる原動力となったのは省エネによる
「ものづくり」であり、「メイド・イン・ジャパン」の成果でもあった。

　さらに、これだけ急な経済成長を支えるためには、安定、安価な電源の
確保が最重要である。日本はまず、先の第二次世界大戦やオイルショック
の経験から海外資源への依存を極力排除しつつ原子力開発を推進すること
で経済成長を支える電源を確保した。日本における原子力発電の本格的な
導入はオイルショックが引き金となっている。オイルショック前の1970
年にわずか3基863MWであった設備容量は20年後の1990年には21基
3万1480MWとなり、設備容量はなんと36倍となる[2]。この安価な電源こ
そが日本の経済復興、高度成長を支えたこと、そして、その引き金となっ
た経験はまさにオイルショックであったことから「災い転じて福となす」
との諺どおりでもあった。

　オイルショックの経験により日本は、すばやいエネルギー政策を実現し
た。例えば、国家石油備蓄事業である。まさに第一次オイルショックの発
生と同じ1973年に「石油需給適正化法」を、続いて1975年に「石油備蓄法」
を制定して民間による備蓄を法的に義務づけた。その後も国と民間共同で
の石油備蓄事業を推進し、2021年3月時点で246日分（産油国共同備蓄含
む）の石油を備蓄している。また、LNGは、オイルショックの結果として
大きく需要を拡大した。天然ガスは、世界中に分布しており、中東に集中
している石油と比べるとエネルギーセキュリティーが高い資源だと考えら
れ、原子力発電の導入と合わせて日本は世界に先駆けてLNGの本格的な
導入を推進した。当時、日本のLNG利用に対して、どの国も懐疑的な反
応だったというが、日本の英断だったと思っている。

6.9　歴史から何を読み取るか

　国には国ごとの歴史があり、同様の歴史を歩んだ国は2つとない。上記
のとおり日本は諸外国にはみられない特殊な歴史を歩んできたことがわか

る。日本の辿ってきた数奇な運命は世界の潮流に翻弄されてきた歴史でもある。

　歴史は繰り返す。2023年は第一次オイルショックから50年であった。再び繰り返されるイスラエルとパレスチナの戦争。世界的なインフレの到来と円の低迷による物価高の到来など、その大きな要因はエネルギー問題と無縁ではない。オイルショックの苦い経験から推進した原子力発電所を停止したことによる日本経済の赤字化、結果としてエネルギー調達のための国富流出の急増である。日本のエネルギー調達29.5兆円はダントツ世界第1位である（世界第2位であるドイツの2倍）。原子力発電所を停止していることによる経済負担の大きさが財務省の貿易統計から窺い知れる。

　ちなみに、地方再生のためのふるさと納税額は全国で9654億円（2022年度）であるから、エネルギー資源購入量に伴う海外への富の流出はふるさと納税額の約30倍にもなる。ふるさと再生のための事業資金の約30倍が海外に流れ（財務省関税局関税課の資料によると、2022年の日本のエネルギー資源輸入額は、原油13.2兆円弱、天然ガス8.5兆円、石炭7.8兆円）、資源国を豊かにしている。エネルギー資源のない日本にとって化石燃料は必要経費とみるしかないが、原子力発電所を一刻も早く稼働することにより経済回復を目指すことの努力が、いかに重要であるかが理解できる。

　日本の貿易額は19.9兆円の赤字である（2022年）。この巨額な赤字に対する経済的な負担は、到底現世代では賄うことができないため、我々の子供の世代に「つけ」として引き継がれる。具体的には、円の価値の低下、国債の価値の低下、物価の高騰である。日本の国債は外国からの借入れでなく、日本国民が負担しているので安心だという意見があるが、そうではない。不足分を輪転機により1万円札を大量に増刷することにより（日本銀行が国債を買って、政府に現金を渡すことによって）つじつまを合わせているに過ぎない。

　国の借金である赤字国債は、ついには2023年度末に1068兆円となる見通しであり、外国人や海外の投資家にとっても日本人にとっても魅力的

でない国債を、日本銀行と機関投資家がひたすら購入して政府にお金を供給する。それでも足りなければ増税となる。金利すら払えないために金利を支払うために、さらに国債を発行しているのが日本の現状である。日本銀行は金利を上げられない事情がここにある。

　国債は、市中の銀行のように企業・事業へと投資を促進して経済を活性化することはない。当面は、経済性が成立しない公的事業や補助などに回り、即座の回収はできない。本来、利益の出せる市場に出回って我々と子供たちの生活を豊かにしてくれるための資金であったはずである。そもそも国の借金である国債はいつから始まったかといえば、1979年、第二次オイルショックの発生、翌1980年、イラン・イラク戦争による原油の高騰がきっかけであり、40年間にわたり日本の市中銀行・日本銀行・生命保険会社など機関投資家が国債を買い支えている。

6.10 国民理解とは何か

　さて、国民は何を理解するべきなのか。ヒントがみえてくる。ひとつは無資源国・日本が辿ってきた苦難の歴史である。第二次世界大戦で日本、ドイツ、イタリアの無資源3カ国が資源国に対して戦いを挑み悲惨な歴史を辿ってきたこともエネルギー問題として捉えることができる。

　原子力発電への理解は、日本が最も貧しかった戦後、生きるためにこれにかけるしかなかった経緯を知ることから始まる。当時、ぜいたくな「トイレなきマンション」をつくろうとしたわけではないのだと思う。トイレをつくるより、まず生きる・生活のためにやるしかなかったというのが本当の姿だったと感じており、それは当時の国会の議事録を読むとわかる。国会の質疑からは、社会党が最も原子力を推進していたことがわかる。例えば、当時の後藤茂衆議院議員（社会党）は、国会において当時の状況を次のように発言している。「無資源国の日本が資源を止められたことが、無謀な戦争の一因になったことを当時はどの人も深刻に受け止めていた」。

すなわち歴史と経緯を知り、そのうえで現実を知ることが理解に欠かせない。

　もうひとつは、特定の国にエネルギー資源を握られる怖さを知ることではないだろうか。明治時代は、西欧の「石炭文明」に乗り遅れないことが西欧の支配から逃れる唯一の方法と知り、石油の時代には無資源国としての圧倒的な弱みをカバーしつつ経済を安定的に発展させていくために必要なことをやってきたのが明治から令和に至るエネルギー史である。戦争を回避するための「独自のエネルギー源を持つ」ことの必要性を理解することが重要と考える。日本の特殊な歴史から得られたひとつの結論が「エネルギーミックス」である。これは日本の辿ってきた長い歴史の中で育まれたものであり、知恵なのだと考える。

　さらに、国民理解の点で重要な視点が経済的な負担である。経済的な負担を議論しなければどのようなシナリオでも描ける。そして、経済性のない事業は必ず破綻する。巨額な税金を当てにしなければならない事業が永続するはずがない。2023年はあまり報道されていないものの世界の巨大銀行が次々に破綻に追い込まれた年でもある。史上2番目の規模での破綻といわれる「シリコンバレーバンク（同年3月）」、「シグネチャーバンク（同年3月）」は史上3番目、その後、史上2番目の破綻となった「ファースト・リパブリック・バンク（同年5月）」の破綻により経済性のない融資・公共事業に依存した事業への融資に依存する銀行の体質が問われることとなる。さらに、金融不安は大西洋を渡り、ついにスイスを代表する大手金融グループである「クレディ・スイス」も同年3月に破綻している。これらの破綻の共通点は、極度に国やファンドの資金に依存しているIT・医療・エネルギーベンチャー企業への過剰投資が最大の原因といわれる。本来、安定的に事業が成立している事業への投資をやめ（例えば、石炭火力発電）、事業性のない再生可能エネルギーなどへの投資は、それ自体で資金回収できないケースが多い。

　現世代が到底回収することのできない政府への融資（国債）については、

　輪転機を回すことではなく経済発展によって回収する手立てを考え、子供たちの世代への負担を軽減することではないだろうか。自己資金がない現世代の我々が、子供たちの経済的権利を奪うことのないよう世代間の公平を考えることも、また理解の一部でもある。

　また、歴史は繰り返す。しかも歴史は非線形かつ不連続に変化するものである。日本のエネルギーを大きく変えた大事件であるペリーの来航、米国の禁輸制裁、中東で起こる戦争、オイルショック、ウクライナ侵攻は、ある程度の事前予知が仮にできたとしてもほぼ突発的な事件である。また、自前のエネルギー源を持たない限り戦争と無縁にはなり得ないことも現実の問題として認識するべきである。仮に日本が直接かかわらなくとも巨額な戦費を日本が負担してきた（例えば、湾岸戦争では、日本は中東から石油を購入していることを理由に130億US\$の戦費を支払っている）ことを知り、エネルギー問題の裏にある現実を知ることが重要である。エネルギー調達にかかわるわずかな環境の変化が非常に強い非線形性をもって社会を混乱に落とし入れる。

　本稿では、エネルギー問題について歴史的な観点からさまざまなエネルギー資源の選択肢を持つ必要性と、原子力発電の重要性を明記したつもりである。これをもとに多くの読者の方がエネルギー問題の多面性を知り、理解することで、これからのエネルギー問題を考えるきっかけとなれば幸いである。

〈参考文献〉
[1] JOGMEC，石油・天然ガス資源情報ウェブサイト
[2] 資源エネルギー庁，日本における原子力の平和利用のこれまでとこれから（2018）

7

金融
日本のエネルギートランジションに向けた取り組み
——MUFGトランジション白書

三菱UFJ銀行ソリューション本部サステナブルビジネス部長
西山大輔

エネ総研が改訂した『エネルギー中長期ビジョン』では、シナリオ分析により2030年から2050年までの中長期的なエネルギー構成の試算を行い、新技術導入の必要性が定量的に提示された。この結果として得られた示唆は、原子力や再エネ、水素・アンモニアなどの炭素排出を伴わないCN燃料、CCS、ネガティブエミッション技術といった幅広い分野の技術導入が求められることである。

　三菱UFJ銀行（以下、MUFG）では、CN社会の実現にあたり日本で社会実装の検討が進められているCN技術を取り上げ、各企業や日本政府の取り組みの進捗や背景を客観的な見地からとりまとめ、広くグローバルステークホルダーへ発信する取り組みを進めてきた。顧客と対話し、顧客から学んだストーリーを紡いで作成したものが『MUFGトランジション白書』であり、2022年から2度にわたって発行してきた。

　本稿では、2023年9月に公開した第2弾『MUFGトランジション白書2023』（以下、白書2.0）の概要とともに実体経済のCNに向けた顧客の取り組みを支援していくエンゲージメントの重要性に触れたい。

　金融機関にとってのScope3の排出[1]は、投融資ポートフォリオを介した実体経済における排出である。金融機関のネットゼロは、顧客のCNが達成されない限り実現することが不可能である。MUFGは、国内外のさまざまなセクターの顧客への投融資ポートフォリオを有する金融機関であり、日々の営業活動を通じて顧客の事業、戦略、また顧客の事業が置かれた背景など、各産業の取り組みを深く理解させてもらう機会に恵まれている。このため、産業横断の視点で顧客のCNの取り組みを支援していくうえで金融機関として持つエンゲージメント基盤を活用した支援を主眼に据えている。

　各国がCNを目指していくうえで、再エネの最大化がグローバル共通のドライバーとして掲げられている。各国の地域特性は異なるものの、将来のエネルギーミックスを想定するなかでは、大半の国で再エネが2050年の最大の電力供給源となることが想定されている。MUFGは、再エネ市

場黎明期から積極的なファイナンスの支援を進めてきており、2010年度から2022年度までの再エネ事業へのプロジェクトファイナンスの組成額は、累計約616億US$に及ぶ。グローバルのプロジェクトファイナンスをリードする金融機関のひとつとして、今後も事業投資、プロジェクト・コーポレートファイナンスを通じた再エネ最大化に向けた支援を進めることで各国のCNの加速化に貢献していく。

　一方で、経済全体のCNは、再エネ導入だけでは達成できない現実がある。エネ総研のエネルギー中長期ビジョンが示すとおり幅広い分野の技術導入が求められ、再エネ以外の事業についても国の方針や排出削減手段、企業戦略の方向性について顧客と対話し、技術を育て、そこに資金を付けて産業全体を底上げしていくCN支援が求められる。こうした観点から国内外の動向や各国政策との融合性、各種技術の磨き込みなど、顧客と一体となってCN技術を取り巻く環境の整備を進めて行くエンゲージメントが重要になる。また、CNの実現に向けた選択肢を幅広く構え、産業横断で排出削減を目指していく場合でも、社会実装が検討される新技術の投融資が事業として安定的なキャッシュフローを生み出し適切なリスク・リターンが価格転嫁される仕組みづくりが担保されなければならない。事業として成立しなければ実装につながらないためである。この観点より、各国の地域特性といったマクロ環境や国の政策、企業のミクロレベルの進捗を確認し、進捗をグローバルに発信して国際認知を高めていく必要がある。こうした顧客や政府との対話を紡ぎ、顧客と共に作成したものが『MUFGトランジション白書』となる。

　2022年に発刊した『MUFGトランジション白書2022』（以下、白書1.0）では、①CNのゴールは、グローバル共通でも地域特性によってCNのスタートポイントや方向性が異なること、②電気、素材、最終製品など、産業は縦横に相互に密接に連関しているため、単一セクターだけをとりだしたCNの議論に加え、国ごとの産業連関を踏まえたCNのレバーの認定が重要なこと、③各国・地域のセクターごとのGHG排出量は大きく異な

っており、日本においては「電気と熱」の領域が排出の5割を占める重要なドライバーとなることなどをとりまとめた。この白書1.0をもって国内外のステークホルダーとの対話を行った結果、これらの内容には概ね理解を得られたものの、継続発信すべき事項を2点確認した。ひとつは、地域特性の違いを踏まえ、日本のCNがどのような道筋を目指しているかを示し続けること。そして、もうひとつは、日本がその道筋に沿って具体的にどのような進捗を果たしているかを定期的に発信していくことである。このツアーの結果を踏まえ白書2.0の作成に着手した。

白書2.0では、日本のCNの道筋を語るうえでGHG排出の5割を占める「電気と熱」に焦点を当て、日本で技術実装が検討されているCN技術を「ポジティブテクノロジーリスト」として一覧にした。欧米政策と比較して何が同じで何が違うのか、違う部分についてはなぜ違うのか、国外のステークホルダーにメッセージを正しく届ける目的で欧米のレトリックで英文にて内容をとりまとめ、その過程では、欧米のアドバイザーも起用して協議を重ねてきた。このリストを作成するにあたっては7つの領域（風力、太陽光、送配電、原子力、産業の電化、水素由来・バイオ由来燃料、CCUS）に焦点を当て、顧客とのエンゲージメントや、独自の調査を通じて日本の置かれた環境や欧米との違い、そして今後、重点的な金融支援が必要な技術の詳細を整理した。

海外政策との比較においては、欧州タクソノミーや米国インフレ削減法（以下、IRA）といった海外の環境政策の分析から着手した。分析の結果、いくつかの相違点や類似点がみえてきた。相違点の代表例としては、各地域が進めている政策手法である。例えば、欧州では、欧州タクソノミーなどの各種規制を通じて技術の適格要件や閾値を明確にしたうえで企業に開示が義務付けられ、規制の適合性に従って直接投資の資金を誘導する形でCNの促進が目指されている特徴があった。一方の米国では、IRAで大型の政策インセンティブが導入され、経済政策の一環としてインセンティブと民間の市場原理でCN技術の実装が目指されている特徴があった。日本

は、技術ごとに緻密な官民連携の対話を通じてロードマップが策定され、技術の実効性が検証されたのちにGXで政策支援の配分を定めていく手法がとられている特徴があった。このように各国のCN推進にかかわる政策手法には違いがある一方で、類似する点としては、電気と熱の分野において政策支援を通じて導入が目指されている技術セットは大分類でみれば日本も欧米も同じであったことである。大きな括りでみれば日本は、欧米と同じ技術セットの導入を検討しており、これらは当初、焦点を当てた7つの技術領域とも整合していた。

　また、電気と熱のCNに求められる7つの技術の中でも再エネが最大のドライバーである点は日欧米で共通していたが、2050年の再エネ導入目標をみると、欧州85％、米国77％に対し、日本は50 ～ 60％と違いがあることがわかった。この背景を分析していく中で明らかになったことは、各国の再エネ導入における最適解は再エネの総コスト（トータルコスト）の影響を受けるということである。再エネの総コストは、①生産コスト（導入にかかわるコスト）、②システムコスト（再エネの出力変動性を吸収するコスト）、③既存設備の退役コストで構成される。総コストのうち、特に着目すべきなのが生産コストとシステムコストの関係性である。再エネ導入が進むとラーニングカーブおよびスケールメリットにより生産コストは下がる傾向にあるが、再エネが一定の比率を超えると再エネの変動性を吸収するシステムコスト（送配電、蓄電、バックアップ電源のコスト）は上昇していく。

　生産コストに影響を与える要素は、日射量や風況、浅瀬比率、海底地形といった再エネポテンシャルである。日本では、浅瀬比率が低いため、洋上風力のポテンシャルを最大限に引きだすためには現在導入が進められている着床式洋上風力に加え、技術実装が進む浮体式の洋上風力技術の検討も必要になる。再エネのポテンシャルは、世界的に偏在しており、日本は、太陽光・風力共に生産コストが高い国のひとつである。また、再エネの導入ステージも生産コストに影響を与える。平地や浅瀬にゆとりがあれば既

に技術的に実証された太陽光パネルや陸上風力、着床式洋上風力の導入が可能になるが、一定以上導入が進んだ国では、山地や深い海など、さらに自然環境の厳しい場所へ設置が求められる。結果、生産コストは上昇していく傾向がある。日本は、平地あたりの太陽光導入量が世界で圧倒的な1位であり、ソーラーパネルを敷き詰める敷地に限りがあるため、ペロブスカイトなどの次世代太陽光の開発が非常に重要になるが、新技術導入に関する追加コスト負担のため、生産コストは平地にゆとりがある国よりも割高になる。

　システムコストに影響を与える要素としては、電力系統の形状が大きく影響していることもわかった。電力系統が広域に接続されている国と、一部の地域に限定された国では、システムコストが大きく異なる。例えば、欧州のように国家・地域間をまたいで広範に接続されたメッシュ型の電力系統では、ある地域の天候・風況に左右される再エネの変動性を別の地域の需給変動で吸収・調整することができる。しかし、日本のような島国で系統接続範囲が狭く、周波数が東西で異なることで事実上電力系統が二分されている国では、再エネの変動性を広域のグリッドで吸収することができないため、蓄電池に加えて火力など出力を短時間で調整できる電源のCNを通じたバックアップが求められる。このようにグリッドの形状で求められるバックアップ電源のエネルギーミックスは異なり、システムコストの価格に大きく影響を与えることが起こり得る。

　再エネの①生産コストの高低、②電力系統の接続性の高低で各国の特性を4象限で整理してみると、象限ごとに各国のCNに向けたエネルギーミックスの方向性に違いがあることもわかった。（図7−1）。

　日本は、主要国（G7）で唯一、再エネ生産コストが高く、グリッドの接続性が低い第4象限に分類される。ここに分類される国は、電気と熱のCNを実現するうえで国内の再エネ導入量の最大化を進めることに加え、海外での再エネの最大化に貢献し、それを輸送可能な燃料に転換して輸入するというオプションにも合理性がでてくる。実際に日本では、国内での

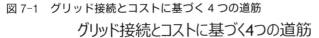
図 7-1 グリッド接続とコストに基づく4つの道筋

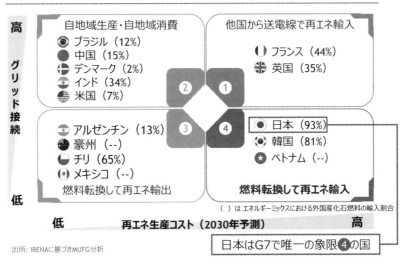

出所: IRENAに基づきMUFG分析

再エネ最大化（Pillar1）に加え、海外と連携しグローバルで再エネの最大化に貢献しながらクリーン電力の輸入（Pillar2）という2つの柱に必要な市場・サプライチェーンの構築も検討されており、この点が現在の欧米の政策支援と異なるアプローチになっている。同じ技術セットであっても、再エネの生産コスト、グリッド形状により再エネの導入の仕方に違いがでてくるということである。

　ここまでの議論を踏まえ、当初から焦点を当ててきた7つの技術をPillar1・2に振り分け、それぞれの技術について、その技術の概要や日本の文脈に基づく技術開発・導入の背景、関連するGX政策の内容、各種企業の取り組みをケーススタディとしてとりまとめたものが白書2.0である。こうした技術の社会実装を支援していくことで、エネ総研の『エネルギー中長期ビジョン』が示すエネルギーミックスが実現していくものと考えられる。

これらの技術の重要性と同時に、各種技術の導入に向けた現状について再認識が必要になると考えている。図7-2は、「不都合な真実」と名づけたチャートであるが、この図では、各技術の導入目標コストをひとつの単位（円/MJ）にて横並びで比較したものである。水素、再エネ、合成燃料（e-メタンなど）で目標とするコスト水準が実現された場合、化石燃料である石炭・軽油・天然ガスに炭素価格が上乗せされた場合と同水準程度になることが見込まれるが、将来の見通しには不確実性が伴う。また、仮に目標とするエネルギーコストを将来的に達成できたとしても、再エネ資源が豊富な欧州などと比較すると、日本のエネルギーコストが割高となる状況は今後も継続する見込みである。このように、CNに資する新技術の実装には不確実性があることを踏まえると、オプションを広く構え、どの技術が実装されるかについて複数のオプションを持って進捗の定期モニタリングを通じた絞り込みも求められる。

　CN技術の導入により、他国よりも割高なエネルギーコストとなる見通しは、目新しいチャレンジではなく、日本が過去から対峙してきた課題ともいえる。ゆえに、日本において取り組みが進められてきた省エネ、資源循環のさらなる高度化が、この課題に対処することにつながるだろう。具体的には、従来の「作る、使う、捨てる」の一方通行から、「作る、使う、捨てない」のサーキュラーエコノミー（循環型社会）への転換である。その過程において「作る」段階では、徹底的にエネルギー需要の無駄な膨らみを抑制し、「使う」段階では、リユース・シェアリングを拡大しながら使い終わったものは部品や素材などのリサイクル、それが叶わないものはエネルギー源としてリカバリすることを通じて「捨てない」ことを徹底する。これが諸外国に比べて相対的に高いエネルギーコストへの日本の向き合い方のひとつになると考えられる。

　実際に、日本には既に「循環型社会」の基盤が磨き込まれている。例えば、セメントの生成にあたっては、廃棄物を受け入れて再活用することで製品を生みだしている。また、廃棄物は埋め立てるのではなく焼却し、その熱

図7-2 エネルギーの熱量あたりコスト比較

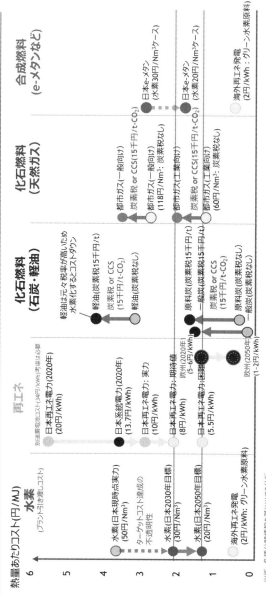

エネルギーの熱量あたりコスト比較

出所：各種公開情報を基にMUFG分析

を使って発電する熱リカバリも行っている。CNを実現するために、これらの取り組みについて、さらに高度化を図っていくことが各産業を中心に進められている。

　こうした日本の「循環型社会」の高度化を進めながら、必要な資源やエネルギーを極小化させ、それでも必要なエネルギーはPillar1・2を通じたグリーン・クリーンの電源を国内外で「創エネ」していく。そのうえでCO$_2$を循環、蓄積させる技術の導入が求められる。このような低排出技術の実装は、現状よりも高いエネルギーコストの負担が必要になるため、日本の全産業の生産性を向上させて所得を上げ、CN技術が適正な水準で価格転嫁される経済循環の仕組みづくりが求められる。つまり、日本におけるCNの取り組みを因数分解すると、「省エネ」、「循環型経済の構築」、「創エネ」、「生産性向上（価格転嫁）」という4つの要素になると考えられる。

　これら道筋を実現するうえで、現在の2000兆円に上る日本の家計金融資産残高を踏まえると、まずは日本国内でCNに必要な資金が動員される仕組みづくりが重要なステップとなる。日本が経常収支の黒字を維持しつつ国内で資金還流する仕組みができれば、日本の家計金融資産を活かして今あるストックを置き換えていくことができるだろう。そして、国内で実績が上がることで、諸外国の資金も動員した仕組みへ発展させていくことができると考えられる。

　日本の輸出入構造をみると、2022年の貿易収支は20兆円の赤字であり、内訳をみると化石燃料など「鉱物性燃料」の輸入が30兆円を超える規模であった。もともと資源小国の日本では、海外から化石燃料を輸入して製品の輸出を行ってきたが、今後、輸出減・輸入増リスクが顕在化していく可能性がある。輸出の大宗は、自動車関連が占めているが、IRA履行などでEVをはじめ生産拠点の海外移転が進められていくケースも想定される。輸入の大部分を占める燃料・エネルギーでは、化石燃料コストの上昇や円安進行に加え、将来的に化石燃料から高コストの水素やアンモニアの輸入へと転換すると、さらに輸入額が増加するリスクがある。

　これらの可能性に対処するためにも、日本の「循環型社会」の高度化が貢献し得ると考える。具体的には、①省エネの徹底、②国内創エネの増強、③リユース、リサイクル、リカバリの循環型社会高度化を通じた化石燃料の輸入削減である。MUFGは、産業界のトランジションに対する支援を通じて日本の循環型社会の高度化、ひいては産業競争力の強化の一助となることを目指している。

　これまで述べてきた点を踏まえながら、MUFGは、顧客との対話を中心とするエンゲージメントを通じてCNに向けた顧客の取り組みを引き続き支援していく。ただし、トランジションの投融資実行にあたっては、経済的な実行可能性が担保されているかという点も確認していく。CNを実現するために必要な技術の中には、技術そのものが成立するかどうか、社会実装できるレベルまでコストが低下するか不確実性を伴うものが存在する。ゆえに、この点の充足を確認するためには3つのレンズ、「長期的コミットメントの確認（立法化・税制化）」、「事業の経済性・事業性担保」および「技術実装の進捗」を通じて事業と向き合っていくことが求められる。

　「長期的コミットメントの確認（立法化・税制化）」とは、政府や企業が当該技術の導入や関連インフラの整備を長期的に支援することに政策立案などを通じてコミットしているかの観点である。これは、各国の環境政策を調査し、当該技術の導入に向けた中長期的な方針や企業のコミットメントが整合しているかどうかという点となる。

　「事業の経済性・事業性担保」とは、新技術導入に伴うリスク・リターンが適正な水準で価格転嫁されるためのインセンティブが導入されているかどうかという点である。前述した中長期的な方針に基づき値差補填や税額控除など技術実装を促進するための政策支援などを通じて、事業性の確保と各種企業のコスト削減に向けた取り組みが整合しているかどうかという点になる。

　最後に「技術実装の進捗」とは、CN技術の導入にかかわるサプライチェーン整備などの業種・産業を超えてGHG排出量削減に向けた技術開発や

導入が順調に進捗しているかどうかという点である。

　技術そのものの動向に加え、こうした技術を取り巻く環境を3つのレンズを通じて確認していきながら、顧客と一体となったエンゲージメント活動を通じて環境整備を進めていくことが求められる。

　MUFGは、海外を含めた産業界、行政当局など幅広いステークホルダーと対話できる立場にある。そうした立場にあることを活かし、日々のエンゲージメントを通じて得たさまざまな情報をもとに国内外のステークホルダーをつなぎ合わせ、日本のCNへの道筋を描く役割もあるだろう。また、そうした情報を白書として日本国外へも発信し、海外のステークホルダーと継続的に対話を行うことで、日本の取り組みへの国外の理解を促進することができる。さらに、海外のステークホルダーと対話した内容を、今度は日本国内へ還元するなど、日本と海外の橋渡しを担う活動に一層注力していくことが求められていると考える。MUFGは、こうした活動を通じて先に述べた3つの評価軸の交点に位置する事業が増加・拡大していくように政策や技術の磨き込みをしっかりと支援し、実体経済全体のトランジションに対して責任ある伴走を行っていく。

〈参考文献〉

[1] 環境省，サプライチェーン排出量全般，https://www.env.go.jp/earth/ondanka/supply_chain/gvc/estimate.html

おわりに

　本書では、第1部「エネルギー中長期ビジョン　～カーボンニュートラルに向けたシナリオと技術展望」、第2部「トランジションへの提言」の2部構成で、『カーボンニュートラル2050ビジョン』、すなわち認識すべきさまざまな視点、論点の全体像の提示を試みました。

　そこで示されたものは、カーボンニュートラル達成への険しい道筋です。シナリオ分析の結果、再エネ、原子力、CO_2排出を伴わないCN燃料（水素、アンモニア、CNLNGなど）の輸入、CCS、ネガティブエミッション技術は、どれひとつとして欠かせないことが明らかになりました。そして、技術展望では、どの技術をとっても、シナリオどおりの道筋を実現するのは容易ではなく、乗り越えなければならない課題が立ちはだかっていることが示されました。

　第2部の有識者による提言においても、トランジションの難しさが、それぞれ専門家の視点から指摘されています。同時に解決のための方向性や具体例が提示されていますので、これを手掛かりに、政府、産業界、専門家、そして社会が一体となって、カーボンニュートラル達成のための活動を戦略的に展開していくことを期待したいです。

　さて、本書では、2050年という26年後の将来を見据えて議論してきました。では逆に、今から26年前、1990年代後半はどういう社会だったでしょうか。改めて振り返ってみると、そのころから現在まで世界は大きく変わってきたことが確認できます。

　26年前は、インターネットがまだ出始めたばかり。それが今ではオンラインの会議が当たり前になり、テレワークも定着しています。人工知能（AI）も飛躍的に進歩し、現在の生成AIの能力の高さは、以前ではとても想像がつかなかったレベルです。

エネルギーの世界でも、1990年代にはほとんど普及していなかった太陽光発電は当たり前になり、EVも2010年前後に、米国ではテスラが生産を開始し、日本ではi-MiEVやリーフが登場しました。化石燃料の例を挙げれば、掘削やフラクチャリング技術の進化などにより、シェールガス、シェールオイルが市場に出回るようになりました。

　この26年間で、人々のニーズや希望に応えて、世の中はどんどん変わってきました。我々がカーボンニュートラルを望む限り、これからの26年間でも、世の中が大きく変わっていくものと考えられます。そしてその原動力となるのは、これまでがそうであったように、技術の進歩であり、技術を社会で活用する仕組みづくりです。

　技術立国として発展してきた我が国が、技術の力により、2050年までに何をどう実現できるか、その真価が問われているといえます。それは、2050年を越えた未来社会の基盤をつくることでもあります。そのためには、社会で広く認識を共有して議論をしながら、脱炭素社会の構築に向け、しっかりと方向を見定めて活動していくことが重要です。本書で提示したビジョンが、そのための指針として少しでも役に立てば幸いです。

2024年3月

一般財団法人エネルギー総合工学研究所

副理事長　国吉 浩

〈著者紹介〉

第1部

一般財団法人エネルギー総合工学研究所
中長期ビジョン策定タスクフォースメンバー

［リーダー］
森山 亮　もりやま・りょう
プロジェクト試験研究部部長
1、3.6担当

［メンバー］
井上智弘　いのうえ・としひろ
プロジェクト試験研究部主管研究員
2（シナリオ分析）担当

川村太郎　かわむら・たろう
プロジェクト試験研究部副部長
3.1（再エネ）担当

都築宣嘉　つづき・のぶよし
原子力技術センター副部長
3.2（原子力）担当

酒井 奨　さかい・すすむ
プロジェクト試験研究部部長
3.3（カーボンリサイクル）担当

水野有智　みずの・ゆうじ
プロジェクト試験研究部主任研究員
3.4（水素）担当

福場伸哉 ふくば・しんや
プロジェクト試験研究部主任研究員
3.5（電力）担当

松浦隆祥 まつうら・たかひろ
プロジェクト試験研究部主任研究員
3.5（電力）担当

注）役職は本書執筆時

第2部

2.1　次世代電力システム

横山明彦 よこやま・あきひこ
東京大学名誉教授

1956年、大阪府生まれ。1984年、東京大学工学系研究科電気工学専門課程博士課程修了（工学博士）。同年、東京大学工学部任官。2000年、同大大学院工学系研究科電気系工学専攻教授。2008年、同大大学院新領域創成科学研究科先端エネルギー工学専攻に異動、2019年、同大大学院工学系研究科電気系工学専攻に異動。2022年、定年退職し、同大名誉教授。専門は、電力システム工学で、電力システムの計画・運用・制御・解析および再生可能エネルギー電源の大量系統連系、スマートグリッドについて教育・研究を行ったほか、電力システム改革、電力安全に関する審議会にも多数参加している。

2.2　水素戦略

坂田 興 さかた・こう
一般財団法人エネルギー総合工学研究所アドバイザリー・フェロー

1949年、東京都生まれ。1972年、東京大学理学部卒業、1974年、同大大学院理学系研究科修士課程修了、同年、日本石油（現ENEOS）入社。探索研究、研究開発企画、研究管理に従事。1985年から1987年までカナダのブリティッシュコロンビア大学客員研究員。2003年、エネルギー総合工学研究所出向、水素エネルギーシステム担当。プロジェクト試験研究部部長、研究顧問を経て2023

年アドバイザリー・フェロー。水素エネルギーシステム分野で各種政府委員。この分野で講演、執筆活動を実施中。最近で科学技術振興機構（JST）研究開発戦略センター（CRDS）俯瞰報告書（水素）作成支援、『メタネーションとグリーン水素の最新動向』（シーエムシー出版）共著など。2020年から2022年まで一般社団法人水素エネルギー協会会長。

2.3　CCUSおよび火力発電戦略

小野﨑正樹　おのざき・まさき
一般財団法人エネルギー総合工学研究所アドバイザリー・フェロー、
米国プロフェッショナルエンジニア（PE）

1951年、神奈川県生まれ。1975年、早稲田大学大学院理工学研究科化学工学専修修士課程修了後、千代田化工建設に入社。1980年から1981年まで石炭転換技術の研究のため米国ウェストバージニア大学留学。石油精製、化学プラントの設計、建設を担当。その間、九州大学から博士（工学）授与。2000年にエネルギー総合工学研究所に移籍し、化石燃料グループの部長、プロジェクト試験研究部長、研究所の理事として、エネルギー技術戦略策定や化石燃料の利用技術の検討、CCUS、カーボンニュートラル、エネルギー地政学の研究に従事。また、経済産業省のエネルギー関係の各種委員を歴任。『やさしくわかるカーボンニュートラル』（単著、技術評論社、2023年）、『図解でわかるカーボンニュートラル』（共著、技術評論社、2021年）、『図解でわかるカーボンリサイクル』（共著、技術評論社、2020年）など多数。

2.4　原子力開発利用

山形浩史　やまがた・ひろし
長岡技術科学大学大学院工学研究科教授

1962年、大阪府生まれ。1987年、京都大学大学院工学研究科修士課程修了、同年、通商産業省（現経済産業省）入省。1997年、京都大学（工学博士）。1998年、経済協力開発機構原子力機関（OECD/NEA）出向、2006年、国際原子力エネルギー機関（IAEA）出向。2012年、原子力規制庁で国際課長、緊急事態対策監、審査チーム長を経て、2021年に退職、同年から現職。長岡技術科学大学では、原子力発電所に対する意識調査、住民・国民意識を踏まえた新設原子力発電所の安全要件などを研究。『Public Opinion on Nuclear Power Plants in Japan, the United Kingdom, and the United States of America: A Prescription for

『Peculiar Japan』（Energy Policy）などの論文を上梓。

2.5　エネルギーシステム・CN産業

平沼 光　ひらぬま・ひかる
公益財団法人東京財団政策研究所主席研究員
早稲田大学大学院社会科学研究科博士後期課程修了、博士（社会科学）。日産自動車勤務を経て2000年より東京財団勤務。日本学術会議の東日本大震災復興支援委員会エネルギー供給問題検討分科会委員、福島県再生可能エネルギー導入推進連絡会系統連系専門部会委員、国立研究開発法人科学技術振興機構（JST）低炭素社会戦略センター特任研究員などを歴任。著書に『資源争奪の世界史』（日本経済新聞出版）、編著に『異次元エネルギーショック　2050年への日本生き残り戦略』（日本経済新聞出版）ほか多数。

2.6　国民理解

金田武司　かねだ・たけし
ユニバーサルエネルギー研究所代表取締役社長
1962年、東京都生まれ。1985年、慶応義塾大学理工学部卒業。1990年、東京工業大学大学院エネルギー科学専攻博士課程修了（工学博士）。同年、三菱総合研究所入社。同研究所エネルギー技術研究部次世代エネルギー推進室長を経て現職。同研究所の活動のほか、東京工業大学大学院、東京大学大学院、立命館大学大学院、芝浦工業大学などで非常勤講師を務める。また、新エネルギー・産業技術総合開発機構（NEDO）技術委員、青森県八戸市地域再生政策顧問、世界エネルギー会議（WEC）委員などを歴任。ニュース番組にてコメンテーター、Youtube出演など多数。

2.7　金融

西山大輔　にしやま・だいすけ
三菱UFJ銀行ソリューション本部
サステナブルビジネス部長兼事業共創投資部長
1999年、丸紅入社。2002年より海外電力プロジェクト部。2006年マッキンゼーアンドカンパニー出向。2007年より6年間、Marubeni Power International Inc. ヴァイスプレジデント。2010年には、米国テキサス州ダラス在電力会社（InfraREIT）の部分株式取得を手掛けたのち、同社の共同パートナーであ

るHunt OilへManaging Directorとして出向。2014年、丸紅電力本部アセット
マネジメント部課長兼国内電力プロジェクト部課長。2016年、丸紅新電力代
表取締役社長兼CEOとして出向。2019年、丸紅海外電力プロジェクト第三部
部長代理兼スマーテストエナジー取締役。2021年、三菱UFJ銀行サステナブ
ルビジネス部長を経て現職。

[構成・編集]
エネルギー総合工学研究所：茶木雅夫、森山 亮、丸山尚子
エネルギーフォーラム：山田衆三

カーボンニュートラル 2050 ビジョン

2024 年 3 月 30 日　第一刷発行

編著者　エネルギー総合工学研究所
発行者　志賀正利
発行所　株式会社エネルギーフォーラム
　　　　〒 104-0061 東京都中央区銀座 5-13-3　電話 03-5565-3500
印刷・製本所　中央精版印刷株式会社
ブックデザイン　エネルギーフォーラム デザイン室